食は命！
養豚にロマンを

わが人生

志澤　勝

目次

第一章　農家の六代目いせきに生まれて

養豚業で環境保全も

私が社長を務めるブライトピック千葉が、ことし2月、農村の環境保全を通じ地域に貢献する農業者・団体を対象とする「環境保全型農業推進コンクール」で優秀賞を頂いた。—食品残渣《ざんさ》、つまり食品工場で出る食物の残りや、賞味期限が近づいた弁当などを材料に液状の飼料を作って、わが社で飼育する豚に与えたり、地元農家との連携による飼料米利用などが評価された。

食品残渣をえさにできないか、と考えたのは15年ほど前。農場近くの牛乳工場で余った牛乳や、パン粉の工場から出るパンの耳が大量に捨てられている、と知ったのがきっかけだ。

日本の畜産は、大量の穀物をアメリカを中心に海外から輸入し、それを飼料にして牛・豚・鶏の肉を生産する、という形でやってきた。

だから、日本の食肉の値段は飼料価格の変動に左右される。つまりシカゴの穀物、原油、貨物船の輸送料、為替という四つの相場の影響を絶えず受けるのだ。

「食は命」。私の名刺に刷り込んでいる言葉だ。命を支える食べ物の値段がこんなに不安

綾瀬市吉岡のブライトピック事務所で（吉田太一写す）

定でよいのか。名刺には「食糧自給率60％達成できる国に！」とも。食糧自給率向上のためにも、飼料の自給は大切なのだ。

こういう思いと、人の口に入らないで捨てられる大量の食物が結び付いた。媒介したのはドイツ製の機械だ。食品残渣をえさとして与えるには殺菌が必要になる。通常は加熱するが、この機械はコンピューターで酸性、アルカリ性の度合いを示すｐＨ値を調整し、適度に発酵させながら殺菌するので、二酸化炭素を排出しない。

この機械を２０００（平成12）年に導入、07年には飼料工場を開設、この飼料で育った豚の肉を、残渣を出した食品工場や小売店が買い取る、という提携をして、食品リサイクルのグループも作った。こうした取り組みで、ブライトピックと同千葉は08年度「食品リサイクル推進環境大臣賞」優秀賞を頂いた。

10年には、千葉県内で作られた飼料米の利用も始めている。生産調整のため休耕田とすると、せっかくの水田が荒れてしまう。遊ばせないで米を作り飼料にすれば、養豚家にとってはえさの自給が図れる。豚の糞《ふん》の堆肥を提供する、という養豚と稲作の循環も実現させた。

（豚を数えるとき、新聞紙面を含め一般に「匹」が使われるが、本書では養豚業界で統一している「頭」を用いることをご了承いただきたい）

「TPP」で東奔西走

この1、2年、私を多忙にしているのがTPP（環太平洋経済連携協定）だ。

参加国間の関税撤廃が原則だから、もし日本が参加すれば、アメリカなどの安い農産物に押されて、日本の農業は壊滅的な打撃を受ける。既に40％を割り込んだ食糧自給率はさらに落ち込むだろう。豚肉の場合、農水省の試算によると、現在、国内で生産されている量の70％が輸入に置き換わる、というのだ。

日本養豚協会では、一昨年10月に菅首相が「TPP参加を検討」と発表した直後から反対活動を展開。政府に要請書を出したり、署名活動を行った。「TPPを慎重に考える会」の勉強会に参加、ことし3月に同会主催のシンポジウムにも駆け付け、意見を述べた。

豚肉には現在、差額関税制度がある。基準輸入価格を設けて、それより低い値段で入ってきた豚肉には、その差額分の関税を掛けて国内の養豚農家を保護。それより高い豚肉の場合、一律の低い関税で消費者を守る、というもの。価格の安定が養豚農家を支える力となり、豚肉自給率も何とか50%台でとどまっている。

しかし、農家は守られているばかりではない。基準価格を少しずつ下げることで、農家にコスト削減などの努力が課せられてきた。飼料米を利用してえさの自給率を高める取り組みも、その一つ。ほかにも衛生管理の徹底をはじめ「安全で安心、おいしい豚肉の安定供給」に向け、さまざまな努力をしている。

ただ、こうした制度や取り組みを消費者に知っていただき、養豚業の理解を得る活動は不十分だったと反省している。今後はもっと情報をオープンにしながら、養豚独自のTPP反対運動を進めるつもりだ。

輸入自由化と言えば、2003（平成15）年、メキシコとの自由貿易協定（FTA）だ。

2011（平成23）年の日本養豚協会総会

この時も差額関税制度を維持する、ひいては豚肉の国内生産を守るため、必死になった。

　当時は全国養豚経営者会議の会長。メキシコ産の安い豚肉が入ってくるかも、という危機感から、三つに分かれていた養豚業者の団体がまとまって対策協議会を設立。豚肉を自由化品目から何としても除外させよう、と政府間交渉が行われたメキシコに出掛け、「サムライ」の衣装で現地の人にアピールした。

　さらに、わずかなつてを頼って官邸を訪ね、当時の小泉首相や秘書に、養豚業の実情と、関税維持は日本の食文化を守ることにもつながる、などと訴えた。

　こうした活動が実を結び、日墨ＦＴＡの自由化品目から除外された。

生産者団体の業務に追われているのを見て、ある人に「養豚の仕事だけやっていれば、もっと大規模な養豚事業者になれたのに」と言われた。私は、業界全体がよくなれば、自分の事業もよくなる、と信じているので後悔はない。むしろ自分の農場だけでなく、政界、経済界をはじめいろいろな世界と関わりができてよかったと思う。

振り返ると、農場を千葉に拡大したり、養豚以外にも世界を広げてはきたものの、基を築いたのは、やはり生まれ育った神奈川だ。農業に対する考え方も人生観もここで身に付けた。

働けど働けど…貧農

綾瀬市内には西から目久尻《めくじり》川、比留川、蓼《たて》川という3本の川が南北に貫いている。目久尻川沿いは歴史が豊かで、徳川家光の乳母春日局ゆかりの済運寺や、家光に仕えた医師が架けたという橋がある。古くは弥生時代後期の住居跡などの見つかった神崎遺跡がある。

私は、目久尻川を軸に広がる吉岡地区の、農家の6代目である。ここで生まれ、育ち、就農し、家庭を築き、会社を設立し、今も住んでいる。子どものころ、目久尻川で泳いだり、コイを釣ったり、もじりというかごを仕掛けてウナギを捕ったりして遊んだ。

かつてのわが家。1965（昭和40）年に建て替えた

誕生日は1944（昭和19）年4月5日。名前はお祖父《じい》さんの「勝喜」の一字をもらった格好だが、時は第2次世界大戦中。日本の戦況が厳しさを増しているのが、国民にも少し伝わっていたころではなかったか。それを感じた祖父の「勝ってほしい」との思いが私の名には込められたようだ。

親父《おやじ》は武といい、私が生まれて2カ月後、陸軍甲府連隊に入隊、翌年秋に帰還した。やがて農地改革が始まり、地主だったわが家の小作地も安く買い上げられた。「1反歩（約10アール）がゴールデンバット（たばこの銘柄）1箱と同じ」と親父がよくこぼした。

残った農地は2町歩（約2ヘクタール）。しかも、春先に黄砂が出るような砂っぽいところなので、稲作には適さない。うちの水田は目久尻川に面した3反歩ほどで、あとは畑として、冬は麦類、夏は野菜、サツマイモ、ラッカセイ、後にはスイカも栽培した。

麦は米と比べて安い。昭和30年代半ばごろまで年間所得が16万から20万円ぐらい。「貧農」の部類だった。

小学校3年生だった53年、相模川の水を引き込む「畑地灌漑《かんがい》」が開通した。相模原から海老名を抜け藤沢の方までの台地一帯に水路を整備する事業で、綾瀬町（現・綾瀬市）の中も貫いた。流域では陸稲やスイカの栽培が推進された。

この出来事は記憶に強く残ってはいるが、うちの土地は関係なかった。台地を潤して畑作を盛んにする、という目的の水路も、やがて都市化が進むと、存在意義を失った。

わが家の経済はお祖父さん、お祖母《ばあ》さんが握っていた。親父とおふくろは朝早くから夜まで汗水流して働いていながら、お金に不自由していた。

おふくろの名は水戸《みと》で、市北部の寺尾から嫁いできた。実家は養蚕に力を入れていて、篤農家だったようだが、実家に帰る際に土産を買うお金もなく、苦労していた。

実家の関係でわが家でもカイコを飼い、そこから入るお金はおふくろの小遣いになったようだ。

「お蚕さん」と呼ぶ、卵からかえったばかりのカイコの幼虫を買い、桑の葉で育て、繭になると売る。当時、桑の木は隣家の農地との境に植える「境木」の役割も担い、うちの土地にも桑の木があった。その葉を運んで、土間などに並べられたお蚕さんに与える作業をよく手伝わされた。

お祖母さん（名はシゲ）はニワトリを飼い、その卵を売っていた。こちらはお祖母さんの小遣い稼ぎだったと思われる。

跡取りだからと優遇

「お前は『いせき』だから」

子どものころ、お祖父さん、お祖母さんや親父によく言われた言葉だ。「いせき」とは跡取りのこと。「将来、家を継ぐのだから何でも率先してしっかりやれ」といった意味が込められていた。

期待もあったのだろう。いせきだから、と優遇されることもあった。例えば、葬儀で配られるまんじゅうなどを、家族で食べるために切り分けると「いせきだから、一番に取っていいよ」と言われたり、お祖母さんが先に大きいのを取って、私によこしたりした。

子どものころの一家。前列左から祖母と私、姉、祖父、
後列左から母、弟・喜久、父の弟２人、父

３つ上に姉・玲子がいて、下には３人の弟がいる。２歳下の弟・喜久は医師に、５歳下の秀一は県立高校の教師となり、校長まで務めた。学年で７つ下の実は東京都の職員を経て１９７８（昭和53）年、厚木に「割烹《かっぽう》うりんぼう」を開き、今も頑張っている。

小学校に上がる前の私は、一日中、田や畑で働いている両親に代わり、お祖父さんに面倒を見てもらった。私は機械いじりが好きで、家中の機械類をドライバーなどを使って分解しては、また元に戻す、ということに熱中した。時計や自転車、唐箕《とうみ》という、脱穀した穀物とわらくずなどを選別する機械も、中をいじった思い出がある。

５、６歳の子どものやることだから、うま

く元に戻せないこともあった。お祖父さんが大事にしていた時計は、とうとう私の手では戻らなかった。しかしお祖父さんにはしかられなかった。やりたいようにやらせて良いところを伸ばしてやろう、と考えたのかもしれない。

小学校に入って間もないころだったか、台風で近くの木が倒れた。私は「てこを使って起こそうよ」と弟や近所の友達に提案。みんなで協力して、何とか子どもたちの力で倒木を起こすのに成功した。それを知ったお祖父さんは「よくやった」と褒めてくれた。

思い返すと、お祖父さんは私と通ずるところがあった気がする。経済を預かっていたので、家のことは農業経営を含めすべて取り仕切っていた。機械などの新しいものを取り入れるのも積極的で、決めるに当たってはじっくり考え、家族の皆が喜ぶような良いアイデアを出すことも多かった。

水道が整備されていない時代、わが家の敷地の一段高いところに、井戸の手押しポンプと、コンクリート製の水槽が設けてあった。水槽から母屋まで管を引き、高低差により、水が母屋まで流れてくるようになっていた。

朝、水をくみ上げて水槽いっぱいに貯《た》めておけば、使うたびにいちいち井戸まで行かなくても、母屋の蛇口をひねれば水が出てきた。この便利な仕掛けを考えたのはお祖父さんだ。

地区の仕事でも大きな存在だった。区画整理委員会として各農家のとりまとめのようなこともした。時々氾濫して水田を荒らしていた目久尻川の改修事業では、中心となった人の補佐のような立場に就いた。工事費を予算に付けてもらうよう県と交渉するなど、重要な役割を担ったと聞く。

道路をまっすぐに直すため、土地を無償提供したこともあった。

肉は盆と正月だけに

わが家では肉はめったに食べなかった。1951（昭和26）に小学校へ上がり、カレーライスを食べた時はおいしくて感動した。中に豚肉が入っていたからだ。恐らくあげがら（背脂肉からラードを除いたもの）だろう。うちで肉が出るのは盆と正月に、お祖母さんの飼っているニワトリの廃鶏をつぶすぐらいだった。

正月は親戚一同が集まった。親父のきょうだいとその家族をはじめ、お祖母さんやおふくろの実家からも誰か来ていた。

正月は「年男」をやるのが習わしだった。大みそかと三が日、七草がゆの7日、鏡開きの11日、小正月の15日には一家の男たちが神棚に朝昼晩、お供えをする。大みそかと正月

1966（昭和41）年の正月、年始の来客との記念撮影。後列左端が私

は焼き餅、7日は七草がゆ、11日はお供え餅の入った汁粉、15日はあずきがゆ。

正月を迎える祭事を男だけで行うことから「年男」と言うのだろう。今でも三が日のお供えなどは、孫息子らと一緒にやっている。

三が日は、食事の支度も拭き掃除も男たちが担当した。大事な正月の祭りを女には任せられない、といういわば男尊女卑的な考え方もあるのだろうが、「三が日ぐらい、女の人を休ませてやろうよ」という思いやりも察せられる。実際には、食事の下準備などはおふくろがしたので、全く何もしないわけではなかったが。

親父には姉と妹が1人ずつ、弟が4人いた。姉のサダさんは、ご主人が鉄工所をやっていて、わが家に来る時は必ず「ヒルマン」と呼ばれたいすゞの大型車で来た。妹の千代子さんの嫁ぎ先は運送業者で、こちらはトヨタのクラウンだったか、やはり流行の車で来る。

私は、おばさんたちの車に乗りたくてたまらない。小学5、6年のころから、借りて運転させてもらった。もちろん無免許。いくら人通りの少ない農地周辺でも、許されることではないが、あのころはのん気なものだった。おかげで自動車教習所に通わないで、16歳になるとすぐ、横浜・六角橋の運転免許試験場で免許を取った。

親父のすぐ下の弟、明さんは県立高校の教師を務めた。よく私を自転車であちこち連れていってくれた。

その下の富雄さんは牧師になった。戦争中、海軍でのけががもとで胸を患い、余命わずかと宣告されながら克服。キリスト教と出会い、信者のいない地域に教会を建てることから始める開拓伝導に力を注いだ。

3番目の弟の政治《まさじ》さんは県立工業学校（現・県立神奈川工業高校）を卒業、戦前は旧満州炭坑株式会社の社員になったが体を壊した。戦後、県の畜産試験場などを経て、私の立ち上げた会社に事務長として入った。仕事上はもちろん、人生の上でも一番、影響を受けた叔父さんだ。

末弟の馨さんは旧国鉄の職員だった。謡を趣味にする粋な人。時々、うちに来ては、私たちきょうだいを東京の三越劇場などで行われる演劇や音楽会へ連れていってくれた。親父はきょうだいの面倒をよく見た。叔父さんたちは別々の道に進みながら、それぞれの生き方をきちっと貫いた。

仔牛のチエコと別れ

お祖母さんは藤沢市遠藤の出身。こちらもおふくろの実家同様、篤農家だった。お祖母さんはお盆やお祭りの時、土産を持って実家に帰った。私が小学生のころにはよく、自転車で送っていった。

大人用のはサドルの位置が高いので、その下の逆三角形に空いた部分に片足を入れてこぐ「三角乗り」をした。遠藤までは4キロぐらいの道のり。お祖母さんは太ってもいたので、楽ではなかったが、向こうに着くと歓迎され、お小遣いをもらったりした。

お祖母さんは優しくて包容力があった。私たち孫をかわいがり、時々、茅ケ崎方面にいた親戚の家に連れていってくれた。茅ケ崎に行く時は相模線に乗るため、家から社家駅まで2時間ぐらい歩いた。相模線は、私が小学生時代はまだ、蒸気機関車が走っていた。

小学校は3年生まで家の近くの町立綾瀬小学校吉岡分校（現・市立綾西小。敷地は現在、吉岡地区センター）に通った。

1954（昭和29）年、4年生になると、深谷の本校（現・市立綾瀬小）に移った。家族のような分校から、1学年200人近くいた本校に移って一番感じたのは、先生が怖くなったこと。宿題を忘れたりすると、水入りのバケツを持って立たせたりした。

祖母（右）と祖父

学校には、少数派ながらサラリーマン家庭の子もいたが、運営は農家中心。農業実習用の畑があり、授業としてサツマイモを栽培した。学校の便所を利用して、下肥《しもごえ》（人糞の堆肥）の実習もした。実習畑は進学した町立（現・市立）綾瀬中学校にも設けられていた。

春と秋には1週間程度の「農

繁休暇」、児童が田植えや収穫に関わるための休みもあった。

私は、本校に上がったころから、家の農作業に駆り出された。子どものお手伝いというより、決まった仕事をこなさなければならない「作業員」という感じだった。家としては、生活をきちっとさせていくために、一家総出で農業をやらざるをえなかったのだ。

冬は朝、学校に行く前に麦踏みをしたり、落ち葉を集めてサツマイモの苗床にまく堆肥を作った。夏はスイカが盗まれないように、見張り小屋に張り付いていたことも。冬、節分の前までに山の手入れをして、1年分の薪《まき》を作る時も手伝った。

そのころ、この辺りの農家ではトラクターは使われていなかった。代わりに牛が活躍した。いわゆる「牛耕」だ。すきを引かせて田畑を耕したり、作物や堆肥などを運ぶのに使われた。

うちでも1頭飼っていた。思い出深いのは、私の手助けをよくしてくれたチエコだ。その母牛は私に全くなつかなかったが、チエコはよく馴《な》れた。

チエコは家族の一員のような存在となり、チエコとのふれ合いは作業の励みにもなった。小麦を粉にするための製粉所にも一緒に行った。しかし1、2年ほどで別れがきた。値が付くうちに、と出荷を決めたのだ。

その時は大変な思いをした。私だけでなく、ほかの家族も、チエコもつらかったにちがいない。どこの農家でも同じことが起きていた。どうしようもないが、ひどく感傷的になった。

野球部入り許されず

わが家では豚も1頭、飼っていた。糞《ふん》の堆肥を取るのが目的で、同じように、周りの農家はどこでも1～2頭育てていた。

当時は農家に豚を貸して、えさも供給する業者がいた。預けた豚が、出荷できる大きさになると、農家に手数料を払って引き取る。うちは、ある程度育てたら肉豚として売る「肥育豚」ではなく、繁殖用の「種豚」を飼っていた。

豚のえさには、冬は大麦、夏はゆでたサツマイモを与えていた。サツマイモは、鹿児島のシラス台地でよく取れることから分かるように、綾瀬の砂の多い土地に適し、うちも含め、この辺りの農家では盛んに作っていた。豚のえさには、大きさや形などから売り物にならないものが回された。

かつての「高座郡」、つまり現在の座間・綾瀬・海老名・大和の各市などを含む地域では、

かつてわが家にあった豚舎。屋根に雪が積もった時

大正時代末から昭和の初めにかけ、しまりのよい良質の豚肉の生産に力を入れ、「高座豚」の名を全国に広めた。えさのサツマイモや大麦も味の良さに貢献していた。

その当時の高座豚の生産も、農家1戸が1頭か2頭しか飼わない仕組みに支えられていたのだ。

1957（昭和32）年、町立（現・市立）綾瀬中学校に進んだ。入学早々、部活の野球部に入ることにした。

野球は小学生のころから好きだった。当時、グローブは高価だったので、シートに使う厚手の布を袋状に縫って、代わりに使っている子が多かった。おふくろは、私が代用グローブで遊んでいるのを見て、養蚕で貯めたお金でグローブを買ってくれた。

野球部に入ることはまず、おふくろに明かした。「いいんじゃない」と賛成してくれた。ところが放課後、練習に参加して帰ると、親父に「遅いじゃないか」ととがめられた。訳を話すと「それじゃあ農作業ができないから、入っては駄目だ」と入部は許されなかった。

4月は朝、学校に行く前に、田んぼで田植えの準備をする仕事が、私に課せられていた。親父が1日に1反（約10アール）ぐらいずつ植えるので、その前に、牛に「ハロー」という機具を引かせて、その日、植える広さの土を軟らかくして、植えやすくするのだ。朝早く起こされ、冷たい田の水に触れて目が覚めた。

野球部で遅くまで練習すれば、翌朝早くからの仕事は無理だ。任された作業は、きちんとこなさなければいけない。親父は体が弱かったので、おふくろが支えていた。しかしおふくろ1人では支えきれない。私がしっかりしなければ、家の生活は成り立たない。納得して、野球部はあきらめた。

このことをおふくろはとても切なく思ったようだ。私は「部活ができないことを、何とか自分のためになる方向に生かしていけばいいんだ」と前向きになった。「今に見ていろ。いつまでも親父の言うなりになってはいないぞ」という反抗心もわき起こった。

やがて、機械が好きだから、トラクターのメーカーかどこかで働くサラリーマンになろう、と思うようになった。

「サンマの頭になれ」

1960（昭和35）年、中学3年になり、進路を本気で考える時がきた。担任から「ア・テストの成績がいいから」と県立厚木高校への受験を勧められた。

「ア・テスト」とは当時、県内の中学2年生が一斉に受けた学力テストで、その成績は県立高の入試判定に影響した。

農業はやりたくなかった。日本全体は4年後に東京オリンピックを控え、景気のいい話が聞こえてきた。だが農業で聞かれるのは、暗い話題ばかりだ。

親父とおふくろは毎日働きづめなのに、家計は楽にならない。あのころ、大工の日当が500円、市役所の職員の月給が1万5千円で年収25万円ぐらい、と聞いていた。一方のわが家は家族で力を合わせても、年間所得が30万円ぐらいだった。

農業は暗い。嫌だ。大学に行ってサラリーマンになりたい、と思うのは当然だった。普通高校か、機械が好きなので工業高校に、と考えていたところ、大学進学率の高い厚木高校でも大丈夫、と言われ、うれしかった。

担任は大塚笑子先生といい、先生のお姉さんとおふくろが同級生だったこともあって、親身になってくれた。

親父に話すと、反対された。跡取りなのだから、農業高校への進学しか許さない、という相変わらずの態度だ。中学のＰＴＡの役員をしていたので、校長と直接話をして、私の普通高校進学の夢を、からめ手で封じてしまった。

中学生のころ

当時、県立の農業高校は愛甲、平塚、吉田島、相原の4校があった。愛甲（現・中央）と平塚（通称「平農」）は農業高校、吉田島は農林高校、相原は普通高の中に農業科があった。

大塚先生は「農業高校に行くのなら、平農がいいのでは」と勧めた。規模が大きく、総合力が高い。話を聞いて、ぜひ行きたいと思うようになった。

ところが、またしても親父が反対した。平農に通うには、自転車で片道1時間半かかる。家の農業を手伝う時間がなくなるから、遠い高校は駄目、というのだ。

となると愛甲農業しかない。隣町の海老名にあり、自転車で片道20分程度。だが、大塚先生の話に影響されたこともあって、平農を簡単にはあきらめられなかった。悩んでいる時に、おふくろの使いで叔父の政治さんの下宿を訪ねた。

政治さんはそのころ、県の畜産試験場で庶務の仕事をしていた。まだ独身だったので、おふくろは時々、家で打ったうどんを私に届けさせた。

事情を話すと、政治さんは言った。「タイの尾っぽに付くより、サンマの頭になった方がいいぞ」

この言葉が胸に響いた。優秀な生徒が集まる平農では、自分は埋もれてしまうだろう。愛甲なら、いろんなことができるかもしれない。それに、隣家をはじめ、近所に何人か、愛甲出身者で頑張っている人がいる。それで吹っ切れて、愛甲農業を受験した。

学校存続をかけ発奮

海老名市中新田にある県立中央農業高校（中央農高）は1965（昭和40）年、この場所にあった愛甲農業を改組し、文部省（当時）指定の「自営者養成農業高校」という位置付けで開校した。私が愛甲農業に入ったのは、中央農高になる4年前だ。

愛甲農業の創立は06（明治39）年で、最初は愛甲郡荻野村（現・厚木市）に設立、その後、同郡及川村（現・厚木市）に移転。戦後、高座郡相模原町（現・相模原市）上鶴間に移ったが、そこが進駐軍に接収されたので海老名に来たのだ。入学した時は農業科と園芸科と別科があった。私は農業科で、「普通作」と言われる米・麦の栽培と、畜産を中心に学んだ。園芸科は「施設園芸」と呼ばれる温室やハウスでの野菜、果樹、花卉《かき》などの栽培を学ぶ。私の学年は農業科が40人足らず、園芸科は45人ぐらいだった。

別科は中学卒業の女子を対象に、主婦として農家を支えるための知識や技術（調理、洋裁、保育ほか）を指導するところで、2年制だった。中央農高になると、別科を拡充した3年制の「生活科」に変わった。

私は入学試験の上位だった、と聞かされた。自分では意識しなかったが、学校からは期

高校２年の時、鹿児島で開かれた農業クラブの競技会（小型耕運機操作）で

待されていたようだ。入学から半年ほどして、大野日出毎校長に呼ばれた。もう一人、1年生の渡辺幸太郎が一緒だった。

校長いわく、今、この学校は存続の危機にある。残るか、廃校か、女子高になるかの瀬戸際だ。現在、文部省が全国で8校を自営者養成農業高校に指定する動きがあって、その1校に愛甲が入るよう努力している。だから、君たちも頑張ってほしい。具体的には、農業クラブの競技会で優勝して、学校の名を上げるように、ということだった。

農業高校には部活に似た、農業クラブの活動がある。日本学校農業クラブ連盟（ＦＦＪ）という全国組織の下で、測量や耕運機操作などの競技や、プロジェクト発表などの大会が行われる。家畜や園芸の鑑定技術を争う競技もある。いわば「農業高の甲子園」だ。私は1年の時から、農業クラブの活動に打ち込んだ。力を入れたのが小型耕運機操作の競技だ。「畝《うね》上げ」といって、水田の耕耘《こううん》（土を掘り返し、柔らかくする）をして畝を造る作業と、麦をまくための浅い溝（作条）を掘る作業を、耕運機を使って、制限時間内で、いかに指示通り正確で、見栄えも美しく造るかを競うものだ。

水田の畝上げは、二毛作で冬に麦を栽培し、収穫量を上げるために必要だ。

私は校長の話を聞いて意気に感じ、県大会優勝を目指して、練習に打ち込んだ。校長の期待に応えて、学校を守らなければ、という使命感もあった。

平農（平塚農業高校）が強いと言われたが、初出場で平農を破り、県優勝を勝ち取った。続く2年、3年の時も県大会では優勝した。

競技会前日に食中毒

農業クラブの小型耕運機操作の競技で、3年連続で全国大会に出場した。1年生の時の全国大会は東京、2年生だった1961（昭和36）年の全国大会は鹿児島県で開かれた。

鹿児島大会の競技日は11月6日で、その前の約1カ月は、練習に明け暮れた。

競技は2人組で行う。各組には、水田に白線で幅9・5メートル、長さ40メートルの長方形に仕切られた土地が与えられる。その中で耕運機を進めて、土を掘ったり飛ばしたりしながら、上が平らな畝を造る。両脇と中央には排水用の深い溝を設ける。次に、作条（種をまくための浅い溝）を等間隔で10列、掘る。制限時間は1時間30分。

私が前半1時間掛けて畝を造る担当。ペアを組んだ栗原成美は、あとの30分で作条を掘る作業を担った。

これらはかなり難しい作業だ。初めに目測で幅の中央を決めるのだが、これだけでも大変で、失敗すると作条の並び方にまで響く。

練習は実際に水田に畝を造るのだ。そのために使っていない田んぼが何反もいる。先輩で当時、この学校の助手をされていた落合次郎さんが、農家を回って土地を借りてくれた。

競技会の10日前に鹿児島に向かった。一行は私と栗原、補助の守屋悟の生徒3人と担任の稲毛常康先生。九州の大牟田駅を過ぎたところで、乗っていた機関車が脱線事故を起こし、到着が半日遅れたが、着くとすぐ、また練習を重ねた。

前日の11月5日のこと。午前中は耕運機の手入れをして、午後は鹿児島大学で競技の説明を受けることになっていた。昼食の弁当を食べ、大学の庭で説明を聞いていると、ひど

鹿児島の全国大会で優秀賞を取って神奈川に戻ると、小田急線本厚木駅で校長や教員、生徒らの出迎えを受けた。中央に立っているのが私

い腹痛に襲われた。倒れ込んで意識がなくなり、芝生を50メートルぐらいも転がったという。誰かが気付いてくれて、すぐ病院に運ばれた。

食中毒だった。私の食べた弁当は、ライトバンの中に積み上げてあった弁当の、一番上に乗せられていた。おかずのかまぼこに当たったようだ。

病院で意識が戻ると、稲毛先生が「お前の家に電報を打たないとまずいな」と心配される。その晩、旅館に戻ると「あしたはやめよう」と言われた。あきらめられない私は「あしたの朝、様子を見てから」と粘った。

翌朝また病院へ行き、医師に出場したいと訴えた。それで点滴を受け、出ることになった。会場では看護師さんが待機した。

出場できたとはいえ、フラフラ。無我夢中でやるしかなかった。栗原も奮闘した。成績は2位の優秀賞。現地の新聞では翌日、体調不良にもかかわらず入賞した私のことが話題になった。

この時、使用した小型耕運機のメーカーである三菱重工は、優秀賞を取ると、学校に1台、耕運機を寄付してくれた。私の家には割引価格で売ってくれる、というので1台購入した。

私は経験をもとに、ここはこうしたら、ああしたら、とメーカーにいろいろ意見を言った。それが新製品開発に生かされたそうだ。

第1次産業を元気に

農業クラブでは、プロジェクト発表もやった。田植え後、水田の水の表面に樹脂の膜を張ると、水温が保たれてイネの株分かれを促し、増収につながる、という内容。うちの水田を使って実験・調査したことだ。

その結果を2年生の時、栃木県の鹿沼農業高校で開かれた大会で報告した。

3年の時には農業クラブの会長も務めた。県内4農校の代表として、関東ブロックの農業高校の代表とも交流した。おかげで、自分の学校の外からいろいろな情報が入ってきて、役に立った。

愛甲農業時代、もう一つ忘れられない出来事が、2年生の時、県の鈴木重信教育長が学校に来たことだ。政治力のある大野校長が呼んできたのだろう。生徒は校庭に集められ、教育長の話を聴いた。

その時、心に残った言葉が「日本の第1次産業がしっかりしないと、第2次、第3次産業は盛んにならない」だ。ほかにも「皆さんは愛甲農業をもり立ててくれ。私は、この学校を『自営者養成農業高校』に推薦する。指定されれば、かなり充実した農業教育ができる」と話したのを覚えている。

私は、「第2次、3次産業より前に第1次産業が元気でなくてはいけない」という話に力づけられた。ホワイトカラーに負けたくない、という思いを若いころから抱いていて、今も時々、こみ上げてくる。この気持ちを支えているのが、あの時の教育長の言葉である。

授業でもいろんなことを学んだ。「作物」の授業担当の稲毛先生からは、農業クラブのプロジェクト発表のような研究も大切だと教わった。食物の加工についてもしっかり教え込まれた。それは後年、高座豚手造りハムで生かされた。

高校卒業後は、家で農業をやるつもりでいたが、具体的に何をやるかは決めていなかった。養豚は選択肢の一つであって、まだ決定的ではなかった。

ただ、確か2年生の夏休みに、相模原の養豚農家を訪ねている。前にも書いたように、うちで1頭飼っていたので関心はあったのだ。

そのころ、親とけんかして、海老名の県立農業経営伝習農場（現・県立かながわ農業アカデミー）に行ってみた。家のこと、自分の将来のことなどいろいろあって悩み、誰かに相談したかったのだと思う。

高校２年の時、小型耕運機の競技会でチームを組んだ栗原成美（中央）、守屋悟（左）と

そこで出会った場長の藤本さんと話すうち、豚の話題が出て「養豚だったら、うちの卒業生でいるよ」と相模原の田名で豚を200頭ほど飼っていた農家を紹介された。これだけの頭数

は、当時の県内の養豚農家としては大きい方だ。

その家で2～3泊、居候して、豚の飼い方を勉強させてもらった。家出を兼ねたミニ研修といったところだ。

この養豚農家の主人が金井靖さんだ。それから15年後、私を含め8人で立ち上げた神奈川畜産の設立メンバーの1人となり、高座豚手造りハムの創業時にも大きな協力を得た。さらにつながりを深め、次女（跡取り）が結婚する際の仲人にもなっていただいた。

農業講習所1期生に

愛甲農高を卒業した1963（昭和38）年、平塚市寺田縄にあった県農業試験場（現・県農業技術センター）が、高卒者を対象に「農業技術講習所」を開所した。

その第1期生30人の中に入り、農家の後継者として家で働きながら勉強も続けた。同期生には県内4農高だけでなく、普通高校の出身者もいた。

講習所の目的は自立経営農家の育成。当時、農業だけで、サラリーマンなど他の職業と同程度の所得のある農家を、県内で3万戸育てる、という目標が掲げられていたと記憶する。

高校では柔道部でも活躍。高校３年の時、高見先生（左）と

講習所の授業は2年間で60日間のスクーリングと月3回程度、教員らが各家庭を訪ねて行う現地指導があった。

講習生は畜産、都市農業、果樹、蔬菜《そ》の4つに組分けされる。私は畜産を選んだ。入所当初はまだ、養豚1本で行く気はなかったが、家で種豚を1頭飼っていたので、それに役立てたいと考えていた。

農業試験場では、農業改良普及員の養成も行っていて、その指導に当たる専門技術員らが講習所の講師も手掛けた。

本来なら、農家を回って指導する普及員を通じて、各農家に伝えられる知識や技術を、講習所の生徒には直接、教えるわけだ。現在のかながわ農業アカデミーの前身で、当時、先進的な取り組みだった。

このころ、農業について「選択的拡大」という言葉をよく聞いた。手当たり次第に作るのではなくて、生産性が高いものを選んで、そこに力を注げば所得も上がっていく、という考え方だ。

「三ちゃん農業」も、はやり言葉だった。農業の中心となるべき働き盛りの男が出稼ぎに行って不在になり、農業を担うのは「おじいちゃん、おばあちゃん、おかあちゃん」という状況を表した言葉だ。

農業が曲がり角にきているのを感じていた時期、スクーリングで受けた大槻正男先生の講義は大いに刺激になった。先生は京都大学教授も務めた農業経済学者である。

「農業者は生産のことだけでなく、全体的な経営管理をすべきだ」と強調された。「経営管理」という言葉には新鮮な響きがあった。

また「どこをどう伸ばしたらよいか、労働生産性が悪いのはどこか、などをつかんで選択的拡大を図るように」とも言われた。

そのため1年目は各自「新農業経済簿」を付けるよう指示された。これは先生が考案された、複式簿記の簡便なものだ。1年間記入すると、労働生産性や所得率などが把握できる仕組みになっていた。私も父のたばこ代まで付けて、年間所得を調べた。

先生の「T型人間になれ」という教えも忘れられない。農業者であっても、農業以外の多様な分野、文化や芸術にも関心を持つことが大切。広く浅く、でよいが、自分の専門分野は深く掘り下げなさい、ということだ。

この言葉は今も心に留め、実行するよう努めている。さまざまなことに興味をもつと、自分の事業と通ずる面があって、結局は仕事に役立つことも多い。

第二章　養豚との出会いから「財布渡し」

母の提案で父と競争

県の農業講習所のスクーリングで、大槻先生をはじめいろいろな人から刺激を受けるうち、どういう農業をやればいいのか、じっくり考えるようになった。

講習所では現地指導として家庭訪問もあった。これはお祖父さん、お祖母さん、親父やおふくろにも恩恵をもたらした。講習所からは、担任とともに各作物の専門技術員や獣医師といった、高い専門性と、栽培技術などの新しい情報を持つ人が来た。

そういう人たちの話には、親父も熱心に耳を傾けていた。親父たちにとって、試験場の職員は権威ある存在だったようだ。

中でも経済試験課の課員の高橋基さんにはお世話になった。経営分析と野菜づくりの現地指導、講習生同士の仲間づくりにも尽力された。

女性の生活指導員の杉山さんも一緒に来られた。食事の塩分を少し下げるように、といった生活改善を指導をする。おふくろはその人を信頼して、よく話を聞いていた。

1年目は、養豚のクラスに入ってはいても、野菜や果物、花木や切り花の栽培の指導も受けた。実際にやってみると、その作物の生産性や、自分の性格に合うかどうかも分かった。

トマトの栽培法を教わったので、わが家もこの方法でやりたい、と親父に話した。親父は自分のやり方が一番いい、と取り合わないが、私も簡単には引き下がれない。聞いていたおふくろが提案した。

「あなた、せっかく息子を勉強に出したのだから、1反歩（約10アール）の畑のうち、半分を勝の言う通りやらせたら。あとの半分はお父さんの言う通りやってみて、収穫の良い方を採ればいいじゃない」

私が高校3年のころのおふくろ

結果は言うまでもない。母が味方してくれたおかげで、実績を上げることができた。形になって表れれば、親父も納得することが分かった。

2年目の後半に入ると、「養豚」という方向性が見えてきた。花の栽培などもやってみたが、やはり豚が一番、自分には合っている。

しかし当時、豚を一人で何十頭も何百頭も飼う、という事業はリスクが大きい、と見られていた。親父は「豚で成功した人はいないよ」とも言う。そのころ、事業に失敗した養豚業者の自殺が報じられたりしていた。

親父は自分がやってきた米や麦、野菜の栽培という道が最良だと考え、その道を息子にも歩ませたい、と考えていたようだ。

私自身、不安はあった。それでもやってみるべきではないか、と思うきっかけをくれたのは、またしても叔父、政治さんの言葉だ。「苦しいとき、自分が好きなものだったら、がまんできるものだ」

気持ちは固まったが、具体的なことは何も決まっていなかった。実は私にはもう一つ、親父に許しを得なければならない計画があった。派米農業研修生制度を利用してアメリカに勉強に行きたい、と考えていた。

米国留学もまた反対

日本の農家の青年に、アメリカで農業を学ぶ機会を提供する「派米農業研修生制度」を知ったのは高校時代だ。耕運機競技の練習でお世話になった落合さん(当時は高校の助手)がその後、この制度を利用してアメリカのカリフォルニアに留学されたからだ。

落合さんはアメリカから頻繁に手紙を送ってきて、現地の状況をつぶさに知らせてくれた。

「こちらのキクの栽培はとても大型だ」「いかに作っていかに売るか、というマーケティングにも力を入れている」「休みの時はジャズを踊りに行く」

このほかにも「これからの日本の農業は、アメリカの大規模農業に近づいていかなければ駄目だ」という話もしていた。当時の風潮から見て、時代の先を行くような意見だった。

その影響を強く受けて、農業講習所の2年目に入ったころ、アメリカ留学を本気で考えた。とにかく一度、家を出たい、という思いもあった。アメリカなら、豚について学ぶことも多いだろう、と期待もした。

そのためにはまず、英語を勉強しなければいけない。

農作業を終えた夜に時々、米軍厚木基地へ出掛けた。基地の中ではなく、その前の飲み屋に行き、客の外国人に話し掛ける。「ティーチ・ミー・イングリッシュ(英語を教えてくれ)」などと言いながら、身ぶり手ぶりでコミュニケーションを取るのだ。

農業講習所に通っていたころの私（左端）と弟たち

週2回ぐらいの割で、半年ほど通っただろうか。こんな学習法でも英語力が身に付くものだ。後年、グループを率いてアメリカ旅行をした際、お金を盗まれて警察や銀行の対応に迫られたとき、大いに役立った。

次は研修生の選考試験を受ける準備だ。受験に必要な書類を整えるため、県農業試験場（講習所の母体）の海野場長に話をした。海野さんは「それはいい。親御さんもまだ若いのだから、跡取り息子をしばらく外国に出せるだろう」と賛成してくれた。

しかし親父に話すと、またもや反対。「跡取りなのだから、外国行きは困る」の一点張り。私をアメリカに出したら、何をするか分からない、といった懸念もあったようだ。

海野さんが、親父を説得しようと何度か足を運んでくれた。講習所の白井所長も来てくれたが、効果がない。

私も引き下がれない。既に願書は出してある。すると親父は家族会議を開いた。親父やお祖父さんのほか、親父の弟たちも集まった。私は行かせてほしい、と必死で訴えたが、誰も味方してくれず、皆、親父の意見に従った。

思えば、中学の野球部入りから始まり、大学に行くための普通高校も、平塚農業高校への進学も、親父の同意を得られなかった。そしてまたアメリカ留学も断念させられる、となったとき、いつも親父の言うなりでいたくない、という思いが噴き出した。

「留学が無理だというなら、俺の好きなことをやらせてくれ」。こう言って、親父に逆らって養豚をやることを認めてもらった。

望み通り「財布渡し」

農業講習所の2年目、1964（昭和39）年だったか、養豚や米国留学の話が進んでいたのと同じころ、NHKテレビの朝の生番組に、農業後継者の一人として出演した。

はっきりとは覚えていないのだが、「財布渡し」というタイトルで、私一人がインタビューを受けて話し、その後、解説者がコメントする、という番組だった。

「財布渡し」とは、農家で経済を握っている主人から、家族に対し、その役割に応じて、お金の管理も分担させる、ということだ。あらかじめ「父子契約」や「家族協定」を結び、どのように分けるかも決める。

わが家の場合、「財布」を持っているのはお祖父さんとお祖母さんで、親父やおふくろは持たされていなかった。わが家の収入の大部分は2人の労働によるにもかかわらず、2人に給料を払う、という考え方はなかったのだ。

どんなに働いても、自分で自由にできるお金がない、という農家は当時まだ、全国に多く残っていた。それに対し、頑張って働けばその分、自分に返ってくる農業の推進に、国や県などが力を入れていた。県農業試験場長の海野さんも「父子契約を結び、農業後継者が夢を持てるようにしよう」と盛んに言われた。

私は父の下で働いてはいたが、家で飼っていた種豚（牝豚《めすぶた》）に産ませた仔豚《こぶた》を、売ったお金は、自分の収入になった。つまり、お祖父さんから「財布渡し」をしてもらったのだ。講習所で教わった考え方を説明すると、お祖父さんは納得し、私の望む通りにしてくれた。親父を通り越して「祖父・孫」の間で契約を交わした。

財布渡しは講習所の仲間にも勧めた。経済的な問題が農業を暗くする一因だと感じていた。やがて海野さんの耳にも入り、そこからテレビ出演の話が来たのだと思う。

番組では、自分の財布渡しの経緯や、農家の経済のあり方などについて話したと記憶している。

その後、全国から「あなたのところへお嫁に行きたい」という内容の手紙が何十通も来た。

農業講習所を卒業し、養豚業を始めたころ、豚舎の前で

返事は出さなかった。ただ「ああ、そういうことなんだな」と気付いた。封建的で因習にとらわれた農家に育ち、親の苦労を目の当たりにしてきた女性たちには、財布渡しの話は魅力的だったのだろう。
65年3月、講習所を卒業、その前に卒論を提出した。テーマは、自分の農業の経営設計で、私は「わが畜産経営」と題した。25人ほどの第1期卒業生は卒論集を作るとともに、先生や父母らの前で各自が卒論の概略を発表した。

私は卒論に「これからは自分のやり方で、養豚業の経営を展開する。場所は親と同じところだが、独立採算制で、自分が生産したものは自分に帰属させる。代わりに、豚舎の地代や中に敷くわら代はお祖父さんに払う」などと書いた。

発表会には親父も聴きに来た。内心は複雑だったのだろうが、何も言わなかった。

明るい農業を目指す

独立して農業を始めるに当たり、基本としたことが四つある。

第一は「明るい農業」にしたい。二つ目は、自分の給料はきちっと取るようにする。三つ目は、休みもきちっと取る。あと一つは、自分が家の経済を握ること。

要するに、お金も時間も自由にならないのに、働けるだけ働く、といった古い農業のやり方をうち破ることだった。

養豚をやるにはまず、豚舎が必要だ。ちょうど、農業後継者に無利子で融資する後継者育成資金制度が新設されたので、それを利用して100万円、加えて150万円を有利子

養豚を始めて数年たったころ、放牧場で

で、設備資金として借りた。

制度は県だが、融資の窓口は農協だった。農協に行くと、貸してもらうには、農協に数万円の出資が必要だと言われた。

「無利子で貸す、というのに、お金を出さなければいけない、という話はおかしいんじゃないか」と文句を言った。定款に定めてあると言われ、結局、その通り払った。

普通の豚舎のほか、分娩《ぶんべん》豚舎も設けた。繁殖豚（肉豚用の仔豚を産む母豚）を何頭か飼い、分娩豚舎で新技術を導入して効率化を図り、経営の安定化につなげよう、などと考えた。

外側の木造部分は大工に頼んだが、基礎のコンクリート打ちなどは自分たちでやり、建設費はできるだけ抑えることにした。コンクリート作業には、おふくろの兄の斌《さかん》さんがよく、手伝いに来てくれた。

講習所を卒業してから豚舎造りに取りかかり、完成したのは半年後の1965（昭和40）年9月ごろだったと思う。

この時から、私の養豚業が正式にスタートした。それ以前、家で飼っていた1頭の種豚を世話していた時期は、準備段階ということになるだろう。

当初、母豚に仔豚を産ませ、すぐ売ることを考えた。1頭の母豚が1度に産むのは10頭前後、年に2回ほど出産できる。母豚を20頭飼っていたので、しばらくすると、100頭ほどの豚がひしめくようになった。

ところがこのころ、仔豚の値段が安くて、割に合わない。すぐに売らないで、4カ月ほど育ててから肉豚として出荷しよう、と方針を変えた。

そうなると運転資金がいる。人件費は私だけだから減らせるが、減らせないのがえさ代だ。中型の豚でも、1頭で1日2～3キロのえさが必要である。1キロ当たり45円の配合飼料を与えると、1カ月で30万円を超える。

豚を売らないのだから収入はない。農協からえさ代を借りて仕入れていたが、あっという間に借金が128万円に膨れ上がった。

すると農協から「もう志澤勝さんのお名前では、えさをお売りできません。お父さんかお祖父さんにならできますが」と言ってきた。

親父の反対を押し切り「好きなことをやらせてくれ」と言って始めた養豚だ。お金に困ったからと、頭を下げるわけにいかない。自分で何とかするしかない、と考えた。農協との交渉をあきらめて、他の方法を考えることにした。

朝早くから残飯集め

私が養豚を始めた1965（昭和40）年ごろ、「多頭飼育」は難しい、と言われていた。それを何とか自分の手で確立しようと取りかかったが、1年もしないうちに借金がかさんで、えさ代に困ってしまった。最初の計画が甘かった、と言わざるを得ない。

とにかくえさがいる。まず目を付けたのは米ぬか。厚木の米店で30キロ360円で売っていた。飼料に比べて格段に安い。しかし米ぬかだけでは、豚の体が脂肪でぶよぶよして、とても売り物にならない。やはり残飯がいい。

養豚では昔から、食堂や給食などで出る食べ物の余りをえさにするのが、普通に行われ

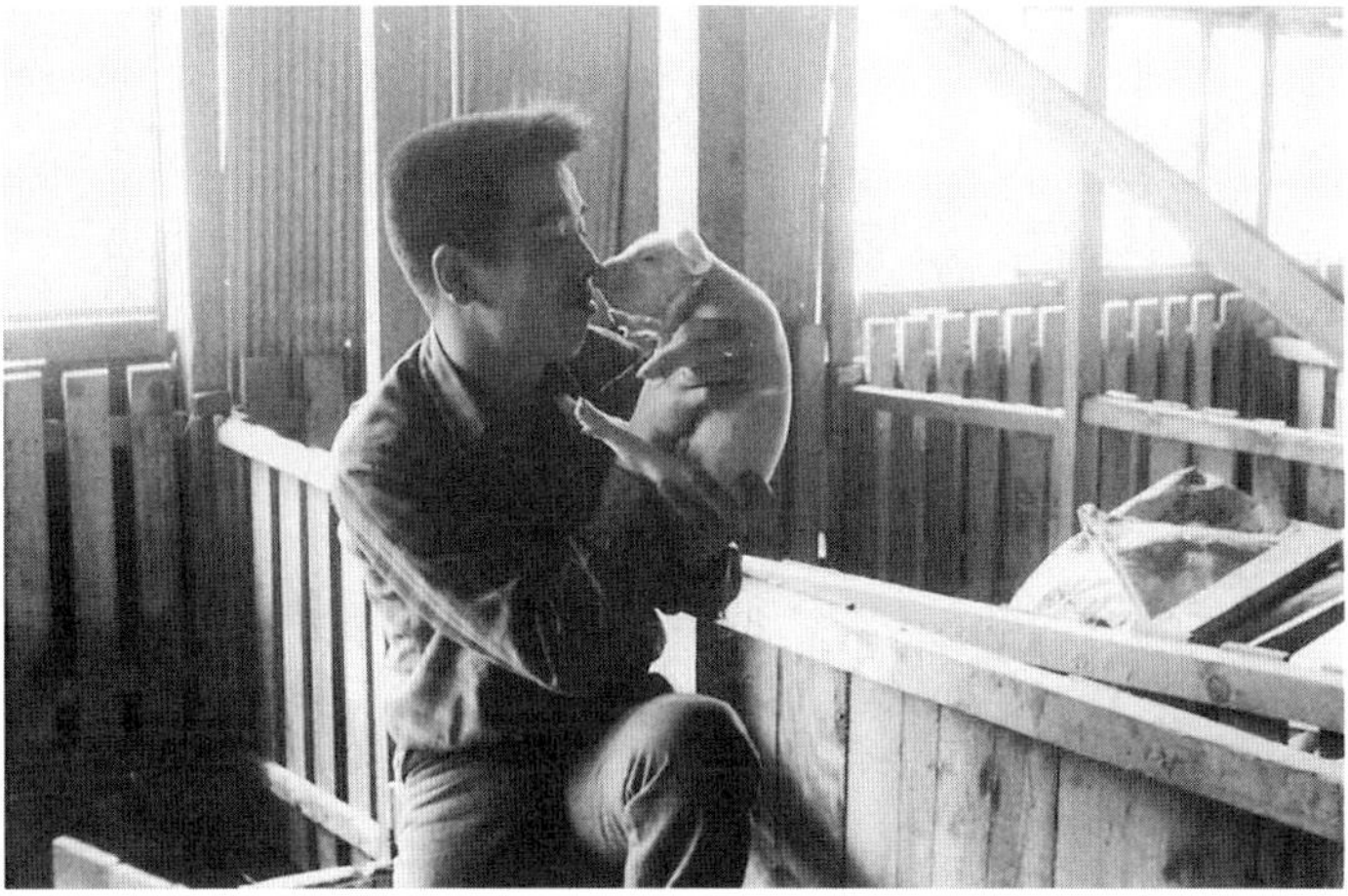
養豚を始めて間もないころ、豚舎で

てきた。人の食べ残しを集めることに正直、少し抵抗があったが、やるしかなかった。
　まず残飯を出してもらえるところを探した。折しも東名高速道路の建設中で、近くに、作業員が食事をとるための宿舎がいくつもあった。ただ、既にどこかの養豚農家と結び付いているところも多い。
　このころ、うちで収穫した野菜を近隣の市場に持ち込んでいた。農業講習所を卒業したころ、親父が買ってくれた中古の「ダットサン」（当時、はやった日産の小型トラック）を運転して、大和の鶴間や横浜の二俣川などを回る。
　そのついでに、残飯がもらえるところはないかを聞いて回った。協力してくれる作業員宿舎などへの心遣いに、野菜を届けることもあった。

どこも協力的だったのがすし店だ。残飯は魚のあらなどが中心で、ご飯はあまり出ない。豚のえさにはご飯の多いものが適していたので、すし店と結び付く農家は少なかったようだ。

そのうち、二俣川の県立成人病センター（現・県立がんセンター）が出してくれることになった。地元選出の県会議員の小山田兵衛さんの世話だった。無料で引き取らせていた残飯を有料にし、入札で引き取り先を決める形に変わった。その入札に参加して落札した。ただし、毎日必ず朝7時まで取りに行くのが条件だった。これがかなり厳しくて、雪が積もった日などは大変な思いをした。

毎朝8時には、豚の世話があるので、その前に集め終わらなければならない。朝4時に家を出て、厚木から横浜まで回ってくる日々が続いた。前の晩に遅くなり、寝ないで行く日もあった。

集めた残飯は、殺菌のため、釜で煮る。その燃料に、重油を使う余裕はなかった。東名高速建設のため、土地を売った農家などで自宅の建て替えが盛んになり、廃材が方々に置かれていた。それをもらい受けて燃やした。

持ってきた残飯を煮る仕事は、お祖父さんがよく手伝ってくれた。おふくろは同じ家に寝起きしているので、私が毎朝早く出掛けたりして、苦労しているのを知っていた。後年、こんな歌を詠んだ。

明日の餌断ち切られても養豚に生命注ぎし十九の息子

力くれた子どもたち

残飯集めのため、小型トラックの「ダットサン」から、大きめの「トヨエース」に替えた。その荷台には、ドラム缶が10缶載せられた。

どうせ集めるのなら、その10缶すべて詰めよう、と目標を立てた。2年半ほど残飯集めを続けたが、10缶分集まるようになったのは、終わりに近かった。そのころは厚木から横浜駅西口まで、1日74キロぐらい走り回った。

時々、弟の秀一や実が手伝ってくれた。実と一緒に行った時のこと。厚木街道の三ツ境の辺りでパンクした。

急いでタイヤを交換したのだが、その日は寝坊をしたのと、朝は道路が混むので焦っていて、ジャッキを外してからタイヤのナットを締め直すのを忘れ、そのまま走りだした。

1982(昭和57)年から続く謝恩チャリティーパーティー(写真は2008年)。オークションの売り上げを福祉団体へ寄付する。ゆうかり園とのお付き合いが、活動の一つのきっかけとなった

少し走って曲がろうとしたら、タイヤが取れた。車が傾き、荷台の残飯がこぼれて、開いていた後ろの窓から運転席に入って頭からかぶった。散らばった残飯を片付けていると、通勤時間帯で多くの人に見られ、さんざんだった。

厚木のボウリング場では苦い思い出がある。朝、裏口を開けておいてもらうことになっていたが、開いていないことがあり、その時は表から入った。すると、早朝割引の利用客とすれ違う。

ある時、残飯を抱えて表から出ていこうとすると、ふいに肩をたたかれた。高校の後輩だった。

「先輩、何しているんですか」

「借金で首が回らなくてね、残飯集めをしているんだ」

笑って答えたものの、内心は動揺していた。はいていたジーパンの膝は、重いものを載せたり下ろしたりして、光っていた。

それも恥ずかしかったが、残飯集めをしていると知られたのは、もっとつらかった。食べ残しなどを活用して豚を育てることに、何のやましさもない。人がどう思おうと割り切ればよいのだろうが、私は、後ろめたさのようなものがどうしても消えなかった。早く借金を返して「残飯養豚」から抜け出したい、という思いが強かった。

吹っ切れない思いの私に力をくれたのが、横浜・瀬谷区にあった肢体不自由児の教育施設、県立ゆうかり園だ。成人病センターの紹介で通うようになった。

ある日、園長に「若いのに朝早くからよくやるね」と声を掛けられた。「借金があって…」と少し弱音を吐くと、「うちの学校の子どもたちを見てください」。

それで園の運動会に出掛けてみた。脳性まひの子どもたちが、不自由な手足を何とか思い通りに動かそうと、必死になっている。人の目など気にしていない。

この日、ナシを2箱、持っていったところ、「おじさん、ありがとう」と書いた園児の手紙をもらった。手の不自由な子が足で書いた手紙だった。

「私のような健常者が、これぐらいの借金で落ち込んではいけないな」

また、園名の由来について園長から「ユーカリの木は、誰の手も借りずにすくすく育つので」という話を聞いたのも心に残った。

イノシシ飼育は断念

養豚を始めたのと同じ1965（昭和40）年、木造だった母屋を、鉄筋コンクリート造りの二階屋に建て替えた。

その数年前からわが家の北側の高台で、綾西団地の建設が始まった。その用地として、わが家の土地が4反歩（約4千平方メートル）ほど売れた。それで入ったお金を、家の新築費用に充てたのだ。

この数年後、水田に豚舎を増設した際、団地の造成工事により出た土を利用した。農業を営んでいるところに、都市化の波が迫ってくるのを実感した出来事でもあった。

母屋の新築を手掛けた業者が、伊勢原で紀州犬を飼っていた。イノシシの狩猟に優れている犬で、うちで紀州犬の訓練所を開いたらどうか、という話から、豚と並行してイノシシを飼育し、シシ鍋の料理屋などに出荷したらいいのでは、と助言を受けた。

ちょうど、中川温泉に生け捕りにされた雌がいたので、引き取りに行った。「ケメコ」と名付けた。雄は、和歌山県で飼育されていたイノシシを1頭購入し、名前は「ゴンタ」とした。

ケメコとゴンタと掛け合わせ、何回か出産させた。しかし出荷は思うようにいかない。イノシシの肉はシシ鍋のシーズンにしか売れないのだ。

新築した母屋の前で1969（昭和44）年ごろ。前列左から妻の敏江（新婚のころ）、母、父。後ろは私

イノシシの狩猟が許されるのもその時期で、禁猟時には肉が出回らない。シーズンオフに冷凍肉、という考え方もなかった。それに伴い、人工繁殖させてもオフには売れないので、イノシシはあきらめた。

イノシシの仔は、生後60日、乳を飲んでいる間は体にしま模様が表れる。この時の姿が、しまのあるウリを思わせることから「うりんぼう」とか「うりぼう」と呼ばれるのだが、離乳すると、しまは消える。

ケメコが産んだうりんぼうは60日間、乳を飲ませてから引き離した。豚の場合は、生後21日で母豚から離す。すると母豚は、その後1日ぐらいは、乳が張るので仔豚を探すが、その時期を過ぎると子どものことを忘れてしまう。ところがケメコは絶対に忘れなかった。ある時、豚舎の前のバス通りで「お宅の豚が逃げ出してますよ」と声がした。見るとケメコがいない。子どもを捜して、高い塀を越えてしまったのだ。

連れ戻したいが、興奮していて簡単には戻りそうもない。思い付いて、仔イノシシを連れてきて鳴かせてみた。その途端、ケメコがこちらへ一目散に駆けてきた。野生の生き物の感性の鋭さ、親子の絆の強さなどを思い知らされた。

その後、末弟の実が開いた料理店の名を「うりんぼう」としたのは、小さくても「猪突《ちょとつ》猛進」の仔イノシシのように、目標に向かって真っすぐ進むように、という願いを込めたからだ。

店には、かつて私がイノシシを飼っていたとき、育たなかった「うりんぼう」を剥製にしたものが置いてある。

同級生の妹と結婚へ

「残飯養豚」は１９６９（昭和44）年までには脱却し、穀物のえさに戻した。親父に地代とわら代を払い、お祖父さんには、わずかだが給料を出せるようになった。この年の３月には結婚もした。

女房の敏江と初めて会ったのは、農業講習所を卒業して間もないころ。高校の同級生の細野元一《もといち》氏の妹として引き合わされた。

高校の助手を経てアメリカ留学した落合さんと、元一氏はテニス仲間だった。帰国した落合さんが、清川村煤ケ谷の細野家を訪れて敏江のことを知り、「志澤と似合うんじゃないか」という話になったらしい。

早速、落合さん、元一氏、敏江の３人が車でわが家に来たが、間が悪く、私は留守だった。敏江は車の中からおふくろの姿だけ見て帰った。

その後、４人で会って紹介された後、時々、２人で会うようになった。

３回目に会うとき、豚が分娩したので、30分遅刻した。待ち合わせ場所の海老名駅に行くと、駅の伝言板に「30分待って来なかったから帰ります」と敏江の伝言が書いてある。

1968（昭和43）年ごろ、地元の農家の青年と野球を楽しむ

いる。

「何で待てないのかな」と思ったのを覚えている。

そのころ、グループ交際もしていた。「うちの娘をもらってほしい」と親に言われ、付き合った女性もいた。特に青年団活動をする中で「夢のある農業をやる、と目標を掲げ、自己主張のはっきりした男」として注目されていたようだった。

私は自分の女房に、おふくろのような苦労は味わわせたくなかった。これからの農業は、経営管理をしっかりやらなければいけないので、女房には経理をやってほしい。その点、大会社で経理事務をしている敏江は適任だ。

もう一つ考えたのは、親とうまくやっていかれるかどうか。農家の跡取りにとって、嫁を選ぶ際のキーポイントだ。敏江は明るい性格でよく気がつくので、良とした。

付き合って2年半ほどたったころ、おふくろが胃潰瘍で入院をした。姉は結婚して家を出ていたので、家に女手がいない。叔父さんの奥さんに来てもらったりしたが、皆、困った。叔父さんたちから、「勝が早く結婚しないと」と忠告された。

結婚はまだ先のことと考えていたが、そう言われて、敏江に「結婚してくれ」と告げた。敏江の家は野菜やお茶などを栽培する農家だが、農家に嫁ぎたくない、と思っていたので、すぐに「はい」とは言ってくれない。私は「汗水垂らして働くことは望んでない。経営管理をして、数字で俺の尻をたたいてくれればいいから」と繰り返し説得した。

敏江の父親も当初「志澤さんのところは大家族だから、嫁は大変だぞ」と反対していた。高校のPTAで私の親を知っていて、わが家の状況も分かっていた。元一氏が「志澤なら大丈夫だから」と口添えをしてくれた。

結婚式へ思わぬ余波

結婚式は1969（昭和44）年3月13日。その1年ほど前に婚約した。敏江は婚約期間中、退職して、ある会社の重役のお宅で家事見習いをした。ベテランのお手伝いさんの助手のようなことをしたという。

女房の実家は、子どもをとても大切にしている印象だった。わが家に入るには、少し外の世界を知ってもらわないと難しいだろう、と感じたので、見習いに行くことに賛成した。

私たちの住まいとして、母屋の隣に小さな家を建てることになった。

新居に電気製品や家具がいる。取引のある電気店から「6カ月前に予約すれば安くする」と言われて、女房の家から結納金の一部の30万円を預かり、冷蔵庫や洗濯機、テレビ、オーディオ用家具などの代金を前払いした。

ところが挙式近くになって、その電気店が倒産した。品物がそろわないどころか、払ったお金も戻らなくなった。「荷物送り」（嫁入り道具を嫁ぎ先に運び入れる儀式）の前に、冷蔵庫などの品々を女房の家に届けなければいけない。百貨店に勤めていた友人に頼み、価格を抑えてもらって何とかそろえた。

式も新婚旅行も、豪勢なことはできなくなった。安く式を挙げられるところを探し、横浜・石川町駅近くの県立勤労会館（現・かながわ労働プラザ）を利用した。

親父やおふくろは式に「招待」して、式の費用は出してもらわなかった。〝財布渡し〟の時もそうだったが、親離れをしたい、という気持ちが強かったからだ。地味な披露宴に出た親父から、「水くさいじゃないか」と言われた。

新婚旅行は箱根から京都、さらに飛行機で大阪から九州へ飛んで鹿児島、宮崎を回った。宿泊費は、農業講習所でお世話になった高橋さんのつてで、地方公務員の保養施設などを利用して切り詰めた。鹿児島では、高校の農業クラブ競技全国大会の時と同じ旅館に泊まり、その会場となった場所へ女房を連れていった。

1969（昭和44）年３月13日、県立勤労会館で結婚式を挙げた

５泊ほどの旅だったが、養豚を始めて以来、こんなに長い旅行は初めてだった。豚の世話があるので家を空けられなかったからだ。新婚旅行中は「研修生」に任せることができた。

このころからわが家に、養豚を志す若者を研修生として受け入れていた。以来、今日まで研修生として受け入れ、次代の養豚業界を担う人材として全国へ送り出した人は300人ほどに達する。

女房は新婚当初からよくやってくれた。お祖父さんとお祖母さん、親父とおふくろ、まだ学生だった弟2人に、研修生も、入れ代わり立ち代わり、常時2～3人はいた。食事の支度だけでも大変だ。その上、年寄りと若者のそれぞれの好みに合わせて、おかずを変えたりしていた。

洗濯もまた、大仕事だった。洗濯機へ1日に5回ぐらい掛ける、と言っていた。

私は、女房が大変なのは見たり聞いたりして知ってはいたが、「嫁なのだから、これぐらいやって当然」と思っていた。この点ではまだ、考え方が古かった。

県の農業施策に提案

結婚した1969（昭和44）年の暮れ、長女の淳子が生まれた。その後、72年に誠子、76年に菜穂子、78年に瑞穂と4人の娘を授かった。

家のことに子育てが加わると、女房の敏江は時々、限界を感じることがあったようだ。

ある時、風呂の湯加減のことで敏江に不満を言った。

当時、うちの風呂には、お祖父さんから私の娘まで4世代の家族と、住み込みの研修生が2～3人、さらに、敷地内には頼まれて小学校の先生のために建てたアパートがあり、そこに住む4人も使っていた。

こういう風呂を管理するのは大変だ。女房は「私にこの家は務まりません」と出ていった。体調が悪く、疲れてもいたようだ。

次の日、女房の父親が訪ねてきた。敏江のことで話があるのだろうと察したが、そのことは言わない。「茶畑を見に来た」という。うちで敏江の父親からお茶の苗を分けてもらい、3反歩（約3千平方《メートル》）の茶畑をつくった。栽培はうちの親父が手掛け、敏江の父親からは指導も受けていた。

私の親父と茶畑に行き、戻ってきた女房の父親は私に「駅まで送ってくれ」と言う。車で厚木辺りまで送ればいいのだろう、と思い厚木まで来ると「もう少し先まで行ってくれ」。また少し行って降ろそうとすると「もう少し」。結局、清川村の女房の実家まで行った。そこで女房に引き合わされ、仲直りして、一緒に帰ってきた。女房の親にうまく取りもたれたのだ。

女房には養豚で入るお金の管理を任せた。そこから親父やお祖父さんに地代、わら代や給料を払った。その結果、お金に関して親父たちが女房にとやかく言うことはなかった。

娘たちと。左は三女、右は四女

経済を握ることは家を握ることである。その点ではうまくいったと思っている。

結婚から1年ほどたったころ、県で自立経営農家を養成する施策を考える会のメンバーに選ばれた。ほかに農協青年部の会長と畜産、園芸それぞれの農家の青年が選ばれた。

私はドイツのマイスター制度のようなものはどうか、と提案した。

一定の基準を満たし、農業の担い手として伸びる可能性のある人たちに、何らかのステータスを与える。県は、その人たちに融資を優遇するなど、施策に位置付けて、しっかり支援をしていく。そうすれば、認定を受けることがやりがいとなり、農業後継者に夢を持たせられるのではないか、と。

このアイデアが採り入れられて、71年、県農業経営士認定制度が発足、私も認定を受けた。農業経営士には後継者育成という課題も負う。私も、経営士の認定候補者を県外研修に連れて行ったりした。

その後、制度のあり方が変わり、経験を積んだ農業者に与えられる称号といった性格が濃くなった。

同じころ、県立農業大学校（現・かながわ農業アカデミー）設立のことでも県と関わりをもった。発端は、農業講習所の後輩から相談を持ち掛けられたことだった。

講習所の後輩を支援

農業講習所には、卒業後も、何かあれば相談ができた。残飯養豚を始めた当初、適切な栄養を与えるにはどうしたらよいか、栄養計算はどうやるのか、といったことで、講習所の先生から指導を受けた。

私は1期生で、OB会の会長をしていた。後輩ともできるだけ交流するよう心掛けた。

高校時代、農業クラブの耕運機競技に打ち込んでいたとき、先輩で厚木で農業をされている原田茂さんにお世話になった。

大会出場の際にはカンパしてくださり、戻ると「競技会でどんなことをしたのか、みんなに見せてくれ」と言われた。厚木の玉川沿いに水田を用意してくださったので、私と栗原は耕運、畝上げ、作条の実演をした。これは私たちへの応援であり、先生や他の生徒のためにもなった。

ほかにも、原田さんの後輩を思う気持ちの大きさを感じることが多く、「私もああいう先輩になりたい」と思うようになった。

１９７０（昭和45）年ごろ、親しくしていた講習所の後輩が、「先生が引き揚げてしまった」と言いに来た。

当時、県では、海老名にある農業経営伝習農場を発展させて、県立農業大学校を設立する計画を進めていた。平塚の講習所の機能も大学校に移行させるため、閉鎖しようとしていたのだ。

話を聞いて、県の農政部に出掛けて訴えた。「まだ生徒がいるのに、一方的に先生が引き揚げるのはおかしいじゃないか」。結局、先生をいったん戻し、手順を踏んで閉めることになった。

この問題の解決には、同期の平本雅章の協力が大きかった。県会議員のところに、県へ

1970（昭和45）年に建てた800頭の肉豚舎

の働きかけを頼みに行ったりして、後輩の危機を救ってくれた。

平本とはこれ以後も付き合いを続けている。横浜の神奈川区羽沢町でブドウやナシを栽培していて、肥料にうちの堆肥（豚の糞を活用したもの）を利用してもらっている。講習所で結ばれた大切な絆の一つだ。

農業大学校の構想には賛成だった。講習所の機能を移すと聞いて、自分たちの経験を生かしてもらおうと、提言をした。

スクーリングを含めた指導がよかったので、ぜひ踏襲してほしいと要望した。ほかにも、大槻先生の教えに沿って、技術だけでなく経営管理や、農業以外の教養や文化も教えてほしい、などと意見を出した。

このころ、自分の養豚は順調で、残飯養豚が終わってから1年ほどたった70年、うちの水田だったところに肉豚舎を2棟建てた。１棟に肉豚（食肉用に出荷する豚）を４００頭、２棟で計８００頭飼育できる施設だ。

豚は1回の出産で大体、10頭前後の仔豚を産むので、母豚の頭数の10倍ぐらい飼える肉豚舎が必要になる。８００頭の肉豚舎を建てたことで、80頭の一貫経営（母豚に繁殖させ、生まれた仔豚を育て、肉豚として出荷）が可能になった。

第三章　ブライトピック設立と規模拡大

大規模化へ会社設立

１９６９（昭和44）年から70年ごろを境に、日本の養豚は大規模化が進んだ。これはアメリカの影響が強かった。

近代的な技術や設備を使って豚を管理し、一カ所で数千から1万を超える頭数の肥育（肉豚として出荷するために飼育）をしている。私もアメリカの養豚経営について勉強した。「これは企業的養豚だ。こういうのをやるんだったら、会社をつくらないと」と考えた。

当時、農業を法人化する例は珍しかったが、県内には既にビジネスモデルがあった。平塚の曽我の屋農興だ。60年に株式会社を設立（当初の社名は曽我の屋養豚）、70年ごろは5千頭ほどの規模だった。企業的養豚の先駆で、当時の社長、曽我達夫さんには、法人化や大規模化などでご指導を受けた。

農業講習所でも、これからは農業も法人化すべき、と指導されていた。そうしたことから71年4月6日、有限会社ブライトピックを立ち上げた。

この年、弟の喜久が新潟大学医学部を卒業し、医師の道を歩き始めた。

喜久が高校生のとき、医者になりたい、と言うと親父は反対した。医学部にいくにはお

現在のブライトピック本社の社長室。坂村眞民氏に書いていただいた「二度とない人生だから」を掲げる（吉田太一写す）

金が掛かり、医者になっても苦労が多い。それより、公務員の方が安定していい、という考えだった。

喜久に相談されて「俺は、お前が自分の行きたい道を進むのを応援するぞ」と励ました。親に内緒で新潟大医学部を受験したい、と言うので、旅費などを出してやった。講習所に通っていた時だが、〝財布渡し〟の後だったので、仔豚を売ったお金が私の自由になった。

その喜久に、今度は私が相談した。「会社をつくるんだけれど、何かいい名前はないかな」。法人化する前は「志澤養豚」という名前を使っていた。

「将来、どんな養豚をやるつもりなの」

「大規模で近代的な養豚をやりたい」

「それならカタカナ書きの名前がいいよ。人を雇ったり、大きくするときに、自分の名前を掲げるより、良いイメージを持たれると思うよ」

それで「ブライト」という案を出してくれた。「輝かしい」とか「希望に満ちた」といった意味だ。それに私が「ピック」を添えた。普通、豚の英語をカタカナで書くと「ピッグ」と語尾が濁るが、語感や発音しやすさを考えて、語尾は濁らないことにした。

喜久の提案は図に当たった。社員の募集には、確かに効果があるようだ。先見の明があった、と言える。

会社設立後、しばらくは人を雇えないので、研修生という形で人を入れていたが、２年後ぐらいから社員を雇うようになった。

当初から社員は必ず、大学卒業者を採っている。大規模で近代的な養豚には、幅広い知識、確かな判断力、洞察力といった知的能力が重要だ。それに加え、私が目指す農業を理解できる人に来てもらいたい、という考えからである。

本拠は渋谷一族の地

私の養豚は、家で、野菜や麦などの栽培の傍ら行う「家業」から始まり、親から独立して養豚に絞った「専業」を経て、1971（昭和46）年にブライトピックを設立して「企業」という過程をたどった。

農業の企業化による成果で、特に大きいのが丼勘定からの脱却である。少なくとも複式簿記を付けることで、どこで利益が出て、どこがうまくいっていないのかを把握し、よりよい経営を図る。節税効果も大きい。そういうことからも、早く法人化してよかったと思っている。

本社の所在地は綾瀬市（創業時は綾瀬町）吉岡で、これは今日まで変わらない。ここが自宅だから当然なのだが、地域の歴史を振り返ると、この場所が本拠地でよかったと思うことがある。

前にも書いた通り、吉岡地区を流れる目久尻川沿いは、古くから開け、発展していた。その中で興味をそそるのが中世のころ、この川沿いに館を置いていた渋谷氏の話である。

一族の渋谷重国という武将は、平氏が権力を握っている時代、源氏方の佐々木氏の一族

綾瀬市吉岡の北端に接する神明社。渋谷氏に縁のある場所と言われる

を、この館に20年間も住まわせ、かくまっていた。

この間、佐々木氏の子どもたちが「佐々木四兄弟」と呼ばれる頼もしい武士に成長。彼らは頼朝が平氏との戦いを始めた時、最初に活躍したそうだ。

その後、頼朝が鎌倉幕府を開くと、重国は頼朝に信頼され、重用された。その理由は佐々木氏を庇護《ひご》したからではないか、と言われている。

重国の孫、吉岡重保の領地が今の吉岡地区の辺りだという。地区の北端にある神明社は江戸時代、春日局の勧請《かんじょう》で建てられた、とされるが、それ以前にこの辺りを開発した渋谷氏ともゆかりある場所のようだ。

こう見ると、目久尻川沿いにはかつて、日本の国に影響を与えた人が住んでいた、と言えるように思う。

私は、地域でも仕事でも、自分のいるところは大切だが、その中だけで動いていてはダメだ、と思い、外に出ていくように努めてきた。

やがて「全国」へ目を向け、日本の養豚業界全体をよくすることが、結局は自分のためになる、という思いで業界の活動にも頑張ってきた。神奈川県や綾瀬市の行政と関わりながら、政府とのつながりも深めてきた。

ブライトピックを基にこうした広がりができたことは、同じ土地に本拠を置いた渋谷氏と、何か縁のよう、なものを感じている。

渋谷重国の孫5人は、薩摩（鹿児島県）に移り住んだ。その子孫が、日露戦争の日本海海戦で活躍した連合艦隊司令長官の東郷平八郎で、綾瀬の早川城跡にはそのことを記した碑がある。

4年ほど前、養豚協会会長として業界の組織の一本化のため全国を回り、鹿児島県に行った時のこと。協会の副会長の大迫昭蔵さんが、渋谷氏の領地だったさつま町宮之城の人で、私が綾瀬から来たと知ると、「それなら」と団体をまとめるのに大変、協力していただいた。

東欧へ初の海外視察

ブライトピック設立の目的の一つは規模拡大だ。それは当時の業界の流れでもあり、よそが拡大するのを見て、「うちも」という気にもなった。

農業講習所時代の仲間でその後、県内で養豚を営む人がいて、刺激を受けていた。「同じ養豚をやるなら他に負けないものを」という気持ちも強かった。

だが会社を立ち上げたばかりで、資金の余裕がない。豚舎は自分たちで造ろう、ということになった。

農業講習所を出て、最初に豚舎を建てたときも、コンクリートの基礎は自分たちでやった。今度は基礎に加えて、鉄骨の組み立てなどもやった。

鉄骨を組み立てるとき、鉄骨同士、直角にしなければいけない。ピタゴラスの定理を応用すると、きちんと直角に組めた。溶接は、知り合いの溶接職人に頼んで、仕事をつききりで見せてもらい、覚えた。

こうやって経験したことは今も生きている。

例えば、入札で豚舎を建てる業者を決める時には、仕様書を作成しなければならない。

ブライトピック本社のある綾瀬市吉岡の農場。会社設立から３年ほどたったころ

その時に「コンクリートの強度はどの程度」などの指示が的確に出せる。

また定尺（基準寸法）の鉄骨を、ロスが出ないよう切り分けるにはどうしたらよいか、といった経済性を考えた方法など、「あのとき身に付けてよかった」と思うことが多い。溶接技術も、豚舎の営繕や水道の配管などに活用している。

初期のころ、実践したことが今になって大きな力となっている、と言えば、えさの栄養計算もそうだ。残飯養豚のときに、講習所の先生に協力してもらって習得したもの。冒頭で書いたように、現在、食品残滓《ざんし》をもとに液状飼料を作っている。この栄養調整などに役立っていて、本当にありがたい。

会社設立の翌1972（昭和47）年4月、初めての海外旅行をした。アメリカの養豚に興味があったが、最初に行ったのはヨーロッパだった。

県養豚協会の主催による「東ヨーロッパ養豚事情視察団」。ポーランド、ブルガリア、ルーマニアと東欧3カ国を回り、オランダにも行った。

一行は通訳兼ツアーガイドを含め14人。羽田空港では、親父が近所の人を連れて見送りに来て「頑張ってこい」などと言う。女房も2歳半の長女を連れてきた。

イリューシンというソビエト連邦の飛行機で、羽田からモスクワ経由でオランダ入りする旅程だった。

羽田空港では風が強く、見送りのデッキのガラスドアが割れる事故があった。機内では、旅行への期待が高まる一方、事故のことが頭をかすめ、不安も湧いた。案の定、ソ連シベリア上空で、機体の不調により飛べない、とアナウンスがあった。

不時着したのはノボシビルスクの空軍基地。目隠しされて、小さな部屋に入れられ、4時間ほど待たされた末、貨物機でモスクワまで飛んだ。いきなり大変な経験をさせられた。

ワルシャワで迷子に

最初の訪問国、ポーランドに降りると、高射砲が取り囲んでいる。当時の東欧情勢の厳しさを、いきなり目の当たりにした。

最初に、グダニスクという町を訪れた。そこの農場は、遅れているという印象だった。どこへ行くにも政府の役人が付いてきた。見学先の人々からは、ここに日本人が来たのは初めてだ、と地酒と料理で歓待を受けた。

一行の森団長に「こんなにご馳走になったのだから、何か歌でも歌ったら」と促され、私は日本でよく歌われる「森へ行きましょう」を日本語で歌った。これはポーランド民謡だ。向こうの人は大喜びだった。それで機嫌がよくなり、楽しいひとときを過ごした。

次の日、ワルシャワで見学した後、夜、街へ飲みに行くことにした。ホテルの部屋は石川隆さんという6歳上の平塚の人と一緒だった。

石川さんは「共産主義の国だから、飲み屋なんてないよ」と、ホテルにとどまった。でも私は出掛けた先で、いい店を見つけた。外国人客専用のクラブだった。

私は、持っていったドルを現地の通貨へ両替するため、いったんホテルに戻り石川さん

1972（昭和47）年の「東ヨーロッパ養豚事情視察団」の一行。立っている人の右から５人目が私

を誘った。一緒にクラブへ戻り、まずみんなで飲み、その後は、それぞれ別行動をとった。私は、店にいた人と気が合い、郊外のあちこちを案内してもらった。

深夜3時ごろ、帰ろうと思ったとき、あわてた。その日朝6時にホテルへ集合し、次の訪問国、ブルガリアに向けてたつことになっていた。

今、どこにいるのか、ホテルまでどれぐらい離れているのかも分からない。あと3時間では帰れないかもしれない、という不安がよぎった。

国道沿いを歩けば何とかたどり着くだろう、と考えて歩き始めたが、方向を間違えてしまった。歩いていてはらちが明かない。ヒッチハイクで乗せてもらったら、その車も関係のない方向へ走る。ちょうどタクシーが通りかかったので、すぐそれに乗り換えた。

街まで来て弱ってしまった。自分のホテルがどこか分からないのだ。

部屋のキーはもともと一つしかない。私は「英語が分かるから」と、石川さんと分かれるときにキーを持たせた。ほかにホテルの名前を知る手掛かりがない。何かないか、とポケットを必死に探したら、ドルを両替した時の両替商のチケットが出てきた。

タクシーにその店まで乗せてもらい、両替商の人にわけを話すと「あなたの来たホテルはあそこだ」と教えてくれた。

一方、ホテルでは待ち合わせの時刻直前になっても志澤が来ない、と大騒ぎになっていた。ぎりぎり6時に戻ることができたが、この後、「ポーランドで迷子になった志澤」として有名になった。

このとき、同室になった石川さんは好人物だと感じた。一緒に県外に土地を求め、協同で養豚事業をしないか、と持ち掛けたことから、その後、きょうまで長く深いお付き合いをすることになる。

1972（昭和47）年の東欧に続き、翌年のアメリカ視察でも石川隆さん（右）と一緒になった

土地購入めぐり紛糾

養豚業を拡大したいが、周囲は都市化が加速するばかりだった。広い土地を確保するには神奈川県を出るしかないだろう。県外の土地を斡旋《あっせん》する業者も出てきた。資金は、何人か集まって出し合えばいい。

そう考えて、県内の養豚業者に声を掛けた。平塚の石川さんのほか、２人が応じた。１９７２（昭和47）年７月、４人で有限会社神奈川中央農産を設立した。資本金は、５００万円ずつ出して２千万円とした。

土地を探しに栃木、福島、宮城などをあちこち回ったところ、福島によい土地を見つけた。東白川郡鮫川村に約１００町歩（約１０

0ヘクタール）で6800万円だった。「ここなら大規模な養豚ができる」と夢が膨らんだ。

そこは「県行造林」の土地だった。福島県の補助金で植林、44年間の地上権設定がされている。このままでは養豚はできないが、地権者の半数以上の土地を買えば、総会の議決権が得られる。そうなれば、県行造林の指定を解除できる、という話だった。

今なら登記簿謄本をとって調べたりするところだが、私はまだ28歳で、そういう知恵はなかった。斡旋する不動産屋の話に乗せられてしまった。

地権者は全部で128人。半数以上の65人の土地を確保するため、6800万円、用意しなければならない。

この段階で2人が降りた。私と石川さんで6800万円をつくるため、大変な苦労をした。私は、家族のを含めた貯金をすべて下ろした。さすがにこの時は親父から借りた。石川さんも借金した。

その土地には別の不動産屋が目を付け、そこと私たちのどちらが早く65人分を買うか競争になった。何とかお金を用意して「半数以上」は確保した。しかしいろいろ難題があって、結局、ここで事業をするのは無理だと分かった。

そこで取得した土地を売り、他の土地を買うことにした。当時は、ちょうど田中角栄首相の「日本列島改造論」が出て「開発の候補地」とされた地方の地価が急騰したころ。買った時より高く売れそうな見通しだった。

栃木県のゴルフ場の社長が気に入って、2億円で買ってくれることになった。ただし支払いの4分の3は手形だった。しかも、売買成立後に「ゴルフ場開発のできない土地を売った」とゴルフ場から詐欺罪で告訴される事態になった。

われわれは、県行造林の土地だと正直に伝え、「これでよろしければ」と売ったのだ。弁護士に相談して対応し、手形は供託にした。弁護士に頼むのも、横浜地裁に行くのも初めてだった。

そのうち、そこの社長に「ゴルフをやらないか」と誘われた。2人とも未経験だったが、「やってみようか」と教科書、道具一式を購入し、練習場にも通ってみた。

グリーンに出ると、散々だった。しかし、そこでの付き合いが予想外の結果を生んだ。社長が「志澤は若いのによくやっている」と認めてくれ、われわれに1億2千万円を払って、土地を買い取ってくれた。購入から2年ほどたっていた。

神奈川中央農産（現ブライトピック）の清川村農場

豚舎建設で難問続出

最初に福島で買った土地が高く売れたので、新たな土地を探した。

同じ福島県の東白川郡棚倉町岡田に、約5町歩（約5万平方メートル）を3500万円ぐらいで買った。1977（昭和52）年のことだ。計画が変わり、ほかでも展開したので、規模は小さくなった。

このとき、岡田地区の生活改善センター（公民館のような施設）建設費として500万円を寄付した。お金だけでなく、造成を手伝うなど、地元の人と交流もした。

実は、豚舎を建てようとしたら、地区住民の反対運動が起きたのだ。地区への貢献活動を始めると、相手もわれわれを理解して、協力してくれるようになった。誠心誠意尽くせば、見知らぬ土地でも受け入れてもらえるのを、身をもって知った。

隣の塙町では、川の環境に影響をもたらすのではないか、という懸念を持たれた。そのため、県の排水基準が厳しくなり、許可を取るのに一苦労した。

ほかにも建築許可、斃獣《へいじゅう》（死んだ家畜）処理などのもろもろの許可を取るため、白河市にある県庁の出先に通った。

申請書類を持っていくと、不備を一つ指摘され「明日持ってきてくれ」と言う。翌日行くと、また一つ、不備を示される。一度にすべて指摘してくれないのだ。それで何度も通わされる羽目になった。

当時は東北縦貫道が栃木・宇都宮までしか開通していなかったので、綾瀬との往復は大変だった。地元での仕事もある。ある時、疲れ切って、高速道路の未整備車線に車を止めて寝込んでしまい、朝、パトカーの警官に起こされた。

白河の役所には、石川さんと一緒に行くことが多かった。字が上手なので、申請書を書く仕事はすべてお願いした。石川さんは、家の仕事は奥さんに頼んでいたものの、手が足りない。うちの研修生を手伝いに行かせたりして、助け合った。

一方、福島がなかなか軌道に乗らないのを見て、清川村の女房の父親が、神奈川中央農産に、栗畑だった土地を貸してくれることになった。牛を6頭ぐらい飼っていたので、畜産に理解があったのだ。

そこを120頭ほどの繁殖基地にした。大ヨークシャーとランドレースという品種を掛け合わせ、種豚の仔豚をつくる。それをブライトピックや仲間の農場に出荷した。

清川村の農場は、福島の岡田と同じころに開場した。その後、神奈川中央農産はブライトピックに吸収され、清川村の農場は現在、同社の農場として240頭の仔豚生産をしている。

福島の農場には、うちの研修生で、この地区出身の寺島を場長に置き、もう1人派遣して運営をスタートさせた。5年ほど続いたが1982（昭和57）年に撤退した。土地は商社の関連会社で畜産経営をしている企業に売却した。

福島の土地を買ったことは、その後、高く売れ、借金を返した上にもうけも出たので、そこだけ見ると成功だった。しかし、10年間に掛けた苦労もまた大きかった。

晩年の祖父（左端）。その右へ父、長女、祖母、私

祖父の子として相続

１９７３（昭和48）年4月、お祖父さんが亡くなった。86歳だった。転んだのが原因で、しばらく寝たきりだった。ある日「俺はこれでもう万歳だ」と両手を挙げた。人生に満足した、と言いたかったのだろう。それから数時間後に息を引き取った。

その4年前、私が結婚すると、お祖父さんは「俺も年だから、お前にしっかり農業をやってもらいたい。お前に生前贈与をしてもいいよ」と言った。

その前から私が、親父は兄弟が多いので、問題が起きないよう、お祖父さんの意思が伝えられるときに手続きをしてはどうか、と提案していた。相続税を軽減し、土地の分散を防いで、後継者が農業を続けやすくする方策として、農業講習所で教わったことだ。

お祖父さんは封建的な面もあったが、「財布渡し」がそうだったように、講習所の指導に沿った私のやり方には理解があった。親父もまた、このころには、私の考え通りに進めることに協力的だった。

生前贈与は、私にではなく、親父が受け取るようにしてほしいと思った。そのことをお祖父さんに理解してもらい、手続きを進めた。

ところが、親父が一度に多額の贈与税を払わなければならないのが分かった。それで、「錯誤」ということで手続きをいったん戻し、代わりに、私と女房がお祖父さんの夫婦養子となることにした。

こうすると法定相続人が増えるので、相続が発生したとき、税の負担が軽くなる。祖父から父、父から私に、と2度の相続を行うよりも節税になる。農業の継続を考えるとき、相続税対策は重要だ。

お祖父さんは「志澤家の将来の繁栄のため、土地を分散させてはいけない」という内容の遺言状も書いてくれた。

亡くなって、相続の手続きを始めるときに、親父の兄弟へ夫婦養子のことを明かした。叔父さんたちは「それでいいじゃないか」と私のやり方を支持してくれた。

この年、初めてアメリカに行った。全国養豚経営者会議という団体（当時、平塚の曽我さんが会長）の視察研修で、25人ほどのツアーだったが、神奈川県の養豚家が多かった。いくつかの都市を回って、養豚の現場を見るとともに、バローショー（共進会）にも行った。出品された優秀な豚はオークションに掛けられる。視察団のメンバーも参加した。

この旅行は、仲間づくりという大きな成果をもたらした。旅行中、知り合った7人とともに、帰国後、「相模養豚研究会」を立ち上げた。都市化が進む神奈川では、一人で頑張っても限界がある。グループをつくり、その力を生かそう、と結集したのだ。

中央農産で組んだ石川さんも参加。高校生のとき、養豚の勉強に行った相模原の金井さんにも入っていただいた。

正月に「不渡り騒ぎ」

相模養豚研究会の一番の課題は「えさの自家配合」だった。

既製の配合飼料にはトウモロコシ、大豆かすなどが含まれている。その割合や、材料を

1973（昭和48）年のアメリカ視察旅行で。この時知り合った仲間と相模養豚研究会を結成

どこから買うか、などを自分たちで決める自家配合が、アメリカの養豚では進んでいた。

視察に行った研究会のメンバーは、その必要性を目の当たりにして帰ってきた。

そこで、トウモロコシなどの材料を、どんな割合にしたらよいのか、トウモロコシは水分含有率により数種類に分けられるが、どれが適当なのか、といったことを研究会で勉強した。アメリカのえさに関する最新情報も集めた。

グループ力を生かして、飼料の材料であるトウモロコシ、大豆かす、魚粉などの共同購入も始めた。個々に買うより、一括大量購入の方が経済的で、売り手との交渉にも有利だ。

みんなから頼まれて、私がその実務を引き

受けた。当用（当座、使う分）に加え、先物も買った。組織力はやはり大きかった。

さらに安く買うには現金で払うのがいい。サイト（取引から支払いまでの期間）が長いと損だ。単価は変わらなくても、質を落とされる場合がある。

だが皆、余裕がないから現金は無理だと言う。それなら、現金をつくるために、ブライトピックで手形を振り出したらどうか、と考えた。

手形サイト（振り出した日から支払いまで）は45日とし、メンバーは40日後、つまり手形が落ちる5日前に振り込む。この方式により、共同購入が2年間、順調に続いた。

だが76年1月、正月三が日の次の日は日曜で、明くる5日の月曜に事件が起きた。

朝10時ごろ、第一勧業銀行（当時）厚木支店から電話が入り、「不渡りになる」と言われた。

当時から私は都銀と付き合っていた。養豚を始めて間もないころ、えさ代が払えなくなったのが原因で、農協との付き合いが難しくなった。ちょうど城南信用金庫が厚木支店を開いたので、頼みに行った。

城南信金は都銀と同様、農業者とはあまり縁のない金融機関だ。私は養豚のことから説明しなければならなかった。苦労したが、最終的には理解してもらい、口座を開くことができた。それが実績となり、第一勧銀とも取引するようになった。

共同購入では1回の支払いが3千万円ほど。この時、600万円が未入金だった。「不渡り」と聞いて私は「そんなはずはない。みんな、いつも払ってくれているのだから」と暢気《のんき》に構えていた。

正午すぎ、年始のお客が来たので一杯やろうか、というとき、また電話があり「入金がありません」。

でも、銀行が閉まるまで2時間以上あるから、そのうち入るだろう、と楽観的に考えた。しかし、午後2時に再び電話がきて「不渡りです」。

お客を待たせたまま、厚木まで車を飛ばした。自分の貯金をはたき、その場を乗り切った。

全国初の共同診療所

不渡り騒ぎのとき、未払いだった600万円は、12月の最終営業日に小切手で振り込まれていた。小切手は入金まで数日掛かるので、正月三が日と日曜を挟んだ5日に間に合わなかったのだ。

神奈川畜産の家畜診療所の前で。後列右が叔父・政治さん、前列一番右が初代診療所獣医の深川進先生、左から２人目が私

このとき、叔父の政治さんが、ブライトピックに事務長として入り、経理を担当していた。実務経験が豊富で非常に几帳面《きちょうめん》なので、安心して任せられた。

政治さんはこの事件を知ると「それは危ないよ。人を信用するのもいいが、もし振り込んでくれなかったら、完全なアウトじゃないか。会社組織にして、少なくとも一回の支払いに必要な額は資本金として用意しておかないと」と忠告してくれた。

それで１９７６（昭和51）年12月、相模養豚研究会を発展させ、株式会社神奈川畜産を設立した。

創業メンバーは私と石川隆さん、金井靖さんのほか、厚木の臼井利次さん、花上寛さん、伊勢原の萩原博文さん、清川の山口正文さん、横須賀の山本一雄さん。皆、大規模な養豚経営を行う会社の代表だ。全員の豚（母豚）の数を合わせると約1500頭。1頭当たり2万円の割で出資し、3千万円を資本金とした。

8人の中で私が一番年下だった。すぐ上の石川さんでも6歳違い、最年長の花上さんは21（大正10）年生まれで23歳も年上。「志澤が一番若いんだから、お前やれ」と私が社長に就かされた。

私たちには「互いに協力して、事業を継続することで、地域に貢献する」という「大義」があった。それを忘れなかったことが、最年少の私でもこの組織を束ねられた理由だと思う。

事務所はブライトピック内に置き、政治さんには神奈川畜産の事務長を兼務してもらった。

法人化により、さらに思い切ったことを始めた。えさの共同購入は、仕入れ先を、経済農業協同組合連合会（経済連）、商社などの中から入札で決めた。

入札にすると、経済連のえさの価格は、神奈川畜産だけでなく、他の農家にもオープンになる。経済連の卸先である綾瀬、厚木などの農協からは、仕入れ価格が知られる、ということで反発もあった。

だが神奈川畜産はしっかりした組織で、購入額も大きい。農協にとって無視できない存在となっていった。

もう一つ、大きいのは家畜診療所を設け、常駐の管理獣医師を置いたことだ。共同の畜産診療所は全国初、と言われた。ここで使う薬品も入札で購入した。

また経営コンサルタントを雇用、メンバーの相談に乗ってもらった。人材募集を共同で行ったりもした。

このような活動は、県内の養豚家の関心を集めた。そのせいか、県内で、われわれに続いてグループ化する動きが盛んになった。

91（平成3）年、第40回全国農業コンクール経営部門で、神奈川畜産が最優秀賞を頂いた。株式会社の受賞は初めて、とのことだった。

地域の同業者が集まって会社を立ち上げ、組織力を生かして事業を発展させたことは、これからの農業にとって一つのモデルを示した、と評価されたようだ。

第四章　地域に根ざした畜産業に

県外でも仲間づくり

神奈川畜産の仲間づくりができた1973（昭和48）年のアメリカ視察旅行は、橋本輝雄との交友を深める機会でもあった。

橋本と初めて会ったのは、その2年前、業界誌の企画で対談したときだ。まだ20代の2人が日本の養豚の将来について語り合う、という趣旨だった。橋本は私より2歳下で、日大獣医学科を卒業後、埼玉県の深谷で就農していた。

対談は盛り上がった。これからは若い人が中心でやっていかなくては駄目だ。当時はまだ、汚水をそのまま流す養豚事業者が多く、環境へ配慮して浄化槽を使うべきだ、などと述べ合った。

「次の時代は俺たちが背負って立つのだから、お互い、しっかりやろうじゃないか」と意気投合した。

対談の後、2人で飲みに行った。このとき、橋本を「魅力のある男だな」と思った。橋本も私に強く引かれた、という。

偶然、再会したアメリカ・ツアーでは、2人で団長に抗議した。買い付けばかりで、勉強する機会が少ない。視察を期待して参加した私たちにも配慮してほしい、と訴えたのだ。ともに反骨精神が強かった。

帰国後、私から持ち掛けて、3県合同交流会という勉強会を立ち上げた。中心になったのは神奈川の私、埼玉の橋本、それに群馬で中堅として活躍していた小堀長夫。それぞれ各県の意欲ある養豚経営者を誘い、互いに切磋琢磨《せっさたくま》しよう、という趣旨だ。

"義弟"の橋本輝雄（右）と。1990（平成2）年ごろ

年に3回ほど、持ち回りで各県を訪れ、視察したりデータを出し合ったりして勉強した。その後の宴会も楽しんだ。私は神奈川畜産の仲間にも参加を呼びかけた。76年ごろから始まり、85年ごろまで続いた。

勉強会は、私自身にとっても有意義だった。神奈川中央農産を設立して、県外の土地を探し、規模拡大に取り組んでいた時だ。同じころ、橋本も県外脱出を模索していた。結局、岩手に土地を得て、大規模な事業を展開し、全国で注目される経営者になった。

　橋本との付き合いは、いろいろな形で広がった。3県交流会は私が提案した活動だが、橋本が率先して始めたこともある。仕事でもプライベートでもつながりが深まり、義兄弟のようになった。

　89年には、2人で出資をして、オーストラリアのクイーンズランドに「エレファント・ロック・カフェ」というレストランを開いた。

　オーストラリアの獣医師で、来日して岩手で英語教師をしていたグレーグという男と知り合ったのが始まりだ。

　グレーグは、陶芸など日本の文化に興味があり、神奈川に来たときに、伊勢原・大山豆腐の店で感動して「この味をオーストラリアに伝えたい」と言い出した。それで私たちが協力したのだ。

　橋本とはその後も、ベトナムで養豚に携わる人材を養成し、日本に派遣する会社をつくろう、という夢を見たこともある。さまざまな刺激をくれた〝義弟〟は残念ながら2001年、この世を去った。

畜産行政にもの申す

県外に土地を求めたり、仲間をつくっていた1975（昭和50）年ごろ、県内の養豚後継者を集めてヤング・ピック・クラブ（ＹＰＣ）神奈川というグループをつくった。

このころ、神奈川県の養豚農家は大きく三つのグループに分かれていた。一つは曽我達夫さんに近い人たちで「曽我の屋グループ」と呼ばれた。ほかの二つも、有力な経営者が中心となっていた。

曽我さんを含め、各グループのリーダーはしっかりした考えをもち、その一員に加わるメリットもあった。しかし、どこか一つのグループに入ると、そこの色に染まってしまう。まだ若い養豚家は、既存の枠にとらわれないで、自分に合ったやり方を見つけた方がいい。そういう思いから私が発案したＹＰＣ神奈川は、何にも縛られない、自由な仲間づくりを目指した。

既存のグループは、それぞれ決まった農業改良普及所や普及員と結び付いていた。その仕組みから、はみ出たＹＰＣは、普及員を通じて農家を指導する立場の県には、歓迎されなかった。

ブライトピック本社内にある「豚霊之（の）碑」。毎年５月、ここのほか８農場でブライトピック・グループの豚魂祭を開く（吉田太一写す）

県の農政部から「普及員と農家の関係を崩すようなことはやめてもらえないか」と言われた。それでも10年ほど、ＹＰＣの勉強会などが続いた。

この活動が盛んだった76年ごろの夏、県が畜産農家の排水の水質基準を上乗せする、という話が飛び込んできた。水質基準を示す指標の生物化学的酸素要求量（ＢＯＤ）の値を、国の基準の１２０から、さらに厳しい60にする案が9月の県議会に提出される、という。

基準が厳しくなれば、それを満たすため、新たな設備が必要となり、農家の負担が増える。既に都市化でさまざまな制約を受けている養豚農家には大打撃だ。廃業を迫られる農家が増える可能性もある。

何とかしなければ、と思っているとき、大山阿夫利神社で豚魂祭があった。県養豚協会が毎年、秋のお彼岸の時期に開いている。豚の霊を慰め、命を頂くことに感謝する行事だ。集まった人たちに、県へ要請を出そうと持ち掛けた。付き合いのあるYPCの連中はもちろん、協会の役員らも同調した。反対の意思を示すため、みんなでトラックに豚を乗せて県庁に行き、庁舎の中で放そう、などという話がまとまった。酒の勢いもあったようだ。

決行の日が迫り、皆、トラックの横に「上乗せ規制は許さない！」などと書いて準備を整えた。ところが直前に、県から電話があり「上乗せ規制はしない」と伝えられ、騒動にならなかった。

神奈川県は養豚振興のため、これまで、さまざまな施策を行い、相当な力を注いできた。この結果、現在、県内の豚肉の自給率は９％。これは人口密度などから見て「かなり頑張っている」値だ。私も養豚農家として、50年前から今日までの個々の取り組みを見ると、評価できるものは多い。

その中でも、行政に対し言いたいことがあれば、きちっと言う。この姿勢は当時から変えていない。

PTAで学校を改革

綾西団地のわきに、1970（昭和45）年、綾瀬市立綾西《りょうせい》小学校が開設された。その6年後に長女が入学した。

親として学校に行くと、ひどい光景が目に入ってきた。教室の机がバラバラに並んで、ごみが散乱している。先生が成田空港反対闘争に関わり、学校をしょっちゅう休むという。学校側の姿勢に対して疑問を感じた。こんな教師は例外とはいえ、その担任に当たった児童は、満足に授業が受けられない。憲法で「教育を受ける機会の平等」がうたわれているが、これでは「不平等」ではないか。

学校に任せていないで父母が協力すべきだ、という思いから、学校の改革に関わることにした。77年にPTA副会長、78年から2年間は会長を務めた。ほかの役員と協力して、いろいろと動いた結果、問題の教師にはやめてもらい、学校の教育環境も格段とよくなった。

PTA活動を通じて地域住民とのつながりを深めることは、養豚事業者としても大きな意義があった。

各利用者が思い思いに野菜などの栽培を楽しむ「グリーンファームクラブ」の農園

このころ、市の農業振興策の一つとして、国の補助を受け、吉岡地区に畜産団地、通称「ミニ団地」をつくる計画が進んでいた。地区の一角を造成して豚舎を設け、周囲の宅地化などで移転を迫られている市内の農家へ提供する、というもの。地区内2人、地区外2人の計4人の養豚事業者の入居が決まった。

これに対し、地元で建設反対運動が起きた。浄化槽が整備されるので、排水問題はなかったが、においは出る。地区内だけでなく、地区外の農家も入ることで「なぜ吉岡で受け入れなければいけないのか」と反発を増幅させた。

綾西団地に越してきたばかりの「新住民」の抵抗は、私にはショックだった。

反対する人たちがうちの農場を「衛生管理や環境への配慮に合った養豚場のモデル」として見学に来たことがある。その人たちの意見を聞くうち、地域の人にもっと畜産や農業について理解してもらわないといけない、と感じた。

その一策として「グリーンファームクラブ」を始めた。わが家の畑６反歩（約６千平方メートル）を貸農園として、10坪（約33平方メートル）年間４千円の利用料で提供する。豚の糞を利用した堆肥を活用して、野菜などを栽培してもらう。

こういう体験は、生産者の身になって農業を考えるきっかけになるのではないか。収穫してすぐに食べることで、近くに産地のあるメリットも実感してもらえるだろう。堆肥を通じて、養豚や畜産にも目を向けてもらいたい。そんな思いから始めた。

親父は農園利用者の指導を引き受けてくれた。専門家だから何でもよく知っているのは当然だが、教え方も上手と喜ばれた。

このクラブを始めたころは貸農園がまだ珍しかった。綾西団地の自治会などを通じ利用者を募集したところ、反響が大きく、１２０人ほどの申し込みがあった。人気は衰えず、今でも続いている。

消防団県大会で優勝

地域の人たちに、農業へ親しみを感じてもらうために、PTAの活動も活用した。会長をしていた1979（昭和54）年秋、学校の創立10周年を祝うことになった。記念事業の資金をつくるため、年4回、2年にわたり廃品回収を行った。そのときに、養豚用トラックを使った。

豚を乗せるため、荷台に高い柵が付け足してある。新聞紙や雑誌の束、布類の袋などの、かさのあるものをたくさん積み込んでも、この柵があるので落下などの心配がない。PTAの役員たちに、地区内に養豚事業者がいる便利さを感じてもらえたのではないか。糞などの汚れが付いているのも、養豚を身近に感じてもらう効果があったのでは、と思っている。

記念行事として、紅白餅を出すための稲作体験を提案した。2反歩（約2千平方メートル《メートル》）の田んぼを借りて、児童や父母が、種まきから田植え、収穫などを行った。栽培したのはうるち米で、収穫後、同等のもち米と交換して、紅白の餅をつくった。

学校での餅づくりも大仕事だ。10俵（約600キログラム《キログラム》）のもち米を蒸して、杵《きね》でついて、

綾西分団の分団長時代（前列中央が私）、出初め式で

冷やして成形した。大量の米をといで、その後ふやかすため、幼稚園のプールを借りた。

農業に縁のなかった人たちとその子どもたちによる米づくりは、大変だったが、みんな一生懸命に取り組んだ。終わった後は大きな共感を集めた。農業の理解を深める、という私の意図も果たせた。

ＰＴＡ会長を退いた後、地区での活動は消防団に移った。

綾瀬の消防団は六つの分団で構成されている。私は綾西分団に所属して、81年から副分団長、83年から2年間は分団長を務めた。

いざという時、ホースを広げてつなぎ合わせ、ポンプを操作して放水する。そして撤収もすみやかに行う。分団長の指揮の下、27人の団員は気持ちを一つにして、定められた手順や動作を守って行動する。

この「消防操法」と呼ばれる作業を、いかに早く正確に行うかを競う大会がある。その県大会優勝が私たちの目標だった。

練習は毎晩、場所はいくつかあって、綾西小学校で行うこともあった。すると小学校に隣接する団地の自治会から「うるさいから、やめてくれ」という要望があった。

私たちは地域の防災のため、ボランティアで活動しているのだから、と言って理解してもらい、訓練を続けた。努力が実って82年、綾西分団が県大会で優勝した。

それにより、私たち分団に対する団地自治会の評価がグンと高まった。「自治会は一体となって綾西分団に協力します」と改めて同意を頂いた。

PTA会長や分団長をやると、市長や県会議員を目指さないか、という話がきた。私はどれも断った。

養豚事業の拡大を進めていて、仕事に力を注ぎたかった。性格的にも政治家に向いていない。とても務まらないだろう。今でもお断りしてよかったと思っている。

千葉県香取市桐谷のブライトピック第一農場。開設して間もないころ

視察が縁で農場開設

1981（昭和56）年に、ブライトピックの新たな農場用地として、千葉県の北東部、山田町（現・香取市）に3町歩（約3万平方メートル）の土地を購入した。同社としては、初の県外進出だ。

その5年ほど前、全国養豚経営者会議（全豚）の東ヨーロッパ視察旅行に参加した。72年に続く2回目。この旅行の時に、山田町の隣、干潟町（現・旭市）の養豚家、高木敏男と知り合った。

その後、高木は神奈川中央農産の清川村農場に種豚を買いに来た。福島の農場で苦労していると話すと「それなら千葉に来いよ。うちの方は養豚がやりやすいよ」という。干潟町は21人の町議会議員のうち、養豚家が18人。まさに養豚の町だ。隣の山田町も状況は似ているという。

高木の世話で話を進めたが、当初は反対運動が起きた。隣接する土地所有者との間の手続きの不備も関係していたようだ。

この年、神奈川畜産の仲間とカナダへ豚の買い付けに行った。帰国した晩、成田空港に近い千葉に泊まったものの、時差の関係で眠れない。

工事中の山田町に派遣した職員の日記が届けられたので、読むと「昨日、造成工事の進入路にブルドーザー4台が入り、出られなくなった」。

驚いて、寝ないまま現地に飛んでいった。高木にも協力してもらい、問題解決に当たった。

翌年、ブライトピックの600頭一貫経営の農場として「第一農場」が開場した。規模拡大に大きな弾みがついた。

千葉に出たことで、高木のほか、同じ干潟町の養豚家の菅井税、伊藤忠良（前・旭市長）、菅谷守とのつながりも深まった。この4人は今も私を応援してくれている。

前述のカナダ旅行では、日本の養豚に貢献する豚を買うことができた。

カナダのアルバータ州などを回り、大ヨークシャーという原種の中の、キングデービットという系統の豚を中心に120頭購入した。飛行機1台をチャーターして、日本まで運んだ。

動物を輸入すると、病気にかかっていないか調べるため、動物検疫所（動検）に送られる。

動検の本所は横浜市磯子区にあるが、その時は、本所の収容施設が満杯か何かの理由で、鹿児島空港の中にある出張所に入れられた。病気の豚が見つかり、全頭が約2週間、留め置かれた。

その間、うちの社員を一人、鹿児島へ派遣して、豚の世話に当たらせた。私もその社員を激励するために、2度ほど鹿児島へ行った。

これらの豚は原種豚、つまり繁殖に用いられる豚だ。検疫を終えると、神奈川中央農産の清川農場や、神奈川畜産のメンバーのところで育てられた。ブライトピックでも第一農場に60頭ほど入れ、その発展の基礎を築いた。

肉質のよい豚で、県内にとどまらず、全国に広まった。ほかの豚種と掛け合わせてより優れた豚種をつくるなど、いろいろなところで活躍してくれた。

1981（昭和56）年、豚の買い付けに行ったカナダ旅行で

競売の売り上げ寄付

１９８１（昭和56）年、買い付けのため、神奈川畜産でカナダ・アメリカを旅したとき、もうひとつ、大きな成果を得た。

カナダのアルバータ州で、品種ごとの肉豚共進会を見た後、ホテルでパーティーに招かれ、神奈川畜産を代表して私と金井靖さんが出席した。

われわれのような買い付けに来た客のほか、えさ、機材などの養豚関連業者、それぞれの家族などが招待されていた。

ご馳走《ちそう》とお酒が出され、皆、心地よい気分になったころ、オークションが始まった。共進会で3位以内に入った豚の枝肉（屠畜《とちく》後、皮と内臓を取り除いたもの）を競り上げていく。酒が入っているので雰囲気が盛り上がり、かなりの高額で落札された。

次の日、新聞を見ると「前夜のオークションの売り上げは州の福祉の病院に寄付される」と書いてある。「きのうのチャリティー・オークションのようなことを、われわれもやりたいね」と私と金井さんの思いは一致した。

まずは地元神奈川でやってもらおう、と県養豚協会に相談したが、すぐには難しいという。それなら神奈川畜産でやろう、と翌年、「謝恩チャリティーパーティー」を開いた。招待したのはえさ、薬剤などの取引業者、県・市町村や農協の職員、社員とその家族らで、合わせて150人ほど。日本の場合、個人で枝肉を求める人はいないので、切り分けたものを競り上げていただいた。

売り上げは約30万円だった。これに招待客から頂いたご祝儀、ブライトピック社内での募金などを合わせ、神奈川畜産の地元、綾瀬市の授産施設へ70万円余り寄付した。以来、ほぼ毎年開催して同程度の額の寄付を続けてきて、昨年、26回目を迎えた。

活動の根底にあるのは、かつて残飯集めをしていた時、お世話になったゆうかり園だ。障がい児のような、しっかり生きていくために経済的支援が必要な人たちの力になりたい。

そう思い続けてきた。

ゆうかり園のことがあるので、寄付の目的は、恵まれない子どもたちのため、と決めている。地域は神奈川のほか、神奈川畜産の役員の農場のある千葉、茨城、栃木、山梨、宮城などを順番に回っている。この活動は、私や役員の思いだけでは続かなかっただろう。

養豚事業も、年によっては売り上げが大きく落ち込むことがある。そのとき、社員に言われた。「社長、私たちのボーナスを削ってでも、チャリティーは続けてください」。社員一人一人に活動の意義が浸透している、と実感した。

その後、県養豚協会もチャリティー活動を始めた。肉豚共進会で上位に入賞した豚を、オークションに掛けて、売り上げの一部を社会福祉協議会へ寄付している。

畜産は地域の理解によって支えられている。こういう形で地域に貢献することは、自分たちのためにもなる。そう言い続けてきたので、養豚を含め、畜産関係の団体によるチャリティー活動は、県畜産振興会、県養鶏協会をはじめ、いろいろなところに広がっている。

おいしい肉の復活へ

「昔の豚肉はもっとおいしかったな」

中ヨークシャーを買い付けに行ったイギリスで。
鼻がしゃくれているのが、この品種の特徴の一つ

こんな話を1983（昭和58）年ごろ、神奈川畜産の仲間とした。グループで合理化や社員募集などに取り組んで成果を挙げ、次に何をやろうか、という段階にきていた時だ。

そこで、かつて相模原から藤沢にかけての旧高座郡で生産され、全国に名を広めた「高座豚」を振り返ってみた。

品種は中ヨークシャーという中型種。色が白く、肉は脂肪が厚めだがしまりがよく、濃厚な味が特徴だ。イギリスのヨークシャー州原産で、明治初めに日本に輸入され、全国に広がった。

しかし、1950年代後半から、アメリカから入ったハンプシャー、オランダから来たランドレースといった大型種に押される。私

が養豚を始めた60年代半ばは、大型への移行期で、従来の中ヨークシャーに、ランドレースを掛け合わせる養豚家が多かった。

やがてランドレースの純粋種、さらにランドレースに大ヨークシャーを掛け合わせた交配種へと移行していく。

今ではランドレース（乳の出がよく、繁殖性に優れる）、大ヨークシャー（繁殖性に優れる）、デュロック（赤っぽい色で産肉性に優れ、筋間脂肪が多い）の3種を掛け合わせた豚が主流になっている。

えさにも特徴があった。旧高座郡で多く栽培されたサツマイモのうち、細くて商品にならないものと、冬に取れる大麦の、選別機ではねられた小粒のものを混ぜて煮て与えた。効率を追求する中で、大型で、飼料効率のよい豚を選択して、味は後回しになった。昔の味を再現するために、「高座豚」のやり方を再現しようではないか。

こういう話と並行して、生産だけでなく加工と販売も手掛けてみようか、という話もした。最近、第1次産業の農業に2次と3次産業を組み合わせ付加価値を高める「6次産業化」という言葉が使われるが、まさにそれである。

この走りで当時、養豚家がハムをつくり販売する事例が全国にちらほらあり、その様子を見に行った。

「神奈川畜産でもやってみようか」と話していると、県の農政担当から「地域農水産物利用高度化施設整備事業」という国と県の補助事業を利用しないか、と提案された。地域で生産したものに付加価値を付けて地域に還元する事業に、設備費などを補助するもので、食肉加工工場にも使える、という。

肉の加工・販売の経験はないが、魅力は感じた。せっかくおいしい肉をつくっても、肩肉やもも肉は売れ残ることが多い。ソーセージをつくれば、一頭丸ごと売り切ることができる。販売も手掛ければ、自分が育てた豚の評価が消費者から直接聞かれるだろう。やるなら「物語」がある方がいい。高座豚を復活させ、その肉をハムにして、さらにおいしいものをつくる、という話はPR効果が高いのではないか。

こうして高座豚の再現とハムづくりがつながった。

確率51対49なら進む

おいしい豚肉をつくり、それをハムなどに加工するため、まずは豚づくりに取り組んだ。中ヨークシャー種の豚は、当時、県内にはほとんどいなかった。イギリスの原産地に問

1983（昭和58）年、買い付けに行ったイギリス・ヨークシャー州の豚の農家で

い合わせたところ、まだいるという。早速、イギリスに飛んで16頭、輸入した。資金面で第一勧業銀行（当時）が応援してくれた。

その後、神奈川畜産の金井さんを会長に県高座豚保存会をつくった。世界的に頭数が少ない上、病気に弱いなどの問題もあって、中ヨークシャーの純粋種の保存・継承は難しい。他の豚と掛け合わせながら、原種の特性を生かした良質な豚づくりを進めることにした。

えさにもこだわった。風味や甘みを出すため、サツマイモを5％程度入れる。環境も大切だ。産地は、神奈川の良質な地下水をはじめとする気候・風土。そして「おいしい豚肉を提供しよう」という生産者の心。これらを満たして、じっくり育てたものを「高座豚」

としよう。つまりプロセスに名前を付けて売っていこう、という考えだ。

これは他の養豚事業者にも注目された。

神奈川県内の農場で丹精込めて育てた豚を「高座豚」と名付け、販売する動きが盛んになる。われわれの取り組みが地域の養豚を活性化する効果をもたらしたのだ。

ところが、ある大手商社が「高座豚」の商標権を取得した。商標登録の手続きが完了する少し前に気付き、話し合いにより「県内の生産者が『高座豚』を使うのはかまわない」ことにはなった。

「高座豚」は、われわれ県内の養豚事業者が育てた郷土の名産品である。商標よりも、おいしい豚肉づくりを目指したわれわれの取り組みを、消費者が理解してくれるものと信じている。この商標権が一企業のもの（その後、商社から系列の食品会社へ移譲）になっているのは遺憾だ。

豚づくりの次は組織づくりだ。１９８４（昭和59）年9月、神奈川畜産の役員8人が出資して「農事組合法人高座豚手造りハム」を設立した。「畜産の理解力を高めるため、都市畜産のバックグラウンドをつくる」「本物づくりを目指す」「未来に続く地域の名産品をつくる」という三つの目標を掲げた。

当初の出資金は合計5千万円。私が代表理事で、他のメンバーは「お金は出すが、口は出さない。責任をもって当たること」。

周りからは「農業の共同体がハムづくりなんてやって大丈夫か。失敗しないように」などと、あちこちから言われた。

それでも私がやった理由は「51対49」。農場を開く時も他のことでもそうだが、成功する確率が51で、失敗する確率が49、わずか2《ポイント》でも成功の方が高ければ、進める。これが私のやり方で、社員にもよく話すことだ。

ポイント差がわずかだと、緊張感が高まり一生懸命やるから、成功しやすい。逆に70対30ぐらいだと、安心して失敗しがちだ。

手造りハム事業の失敗と成功の差は、ぎりぎりだった。

本物づくりに徹する

「高座豚手造りハム」の事業にとって、人の養成は急務だった。法人設立より半年前の1984（昭和59）年春、藤沢の日本大学農獣医学部（現・生物資源科学部）で食肉加工を学んで卒業した松永浩一を採用した。

工場を併設する高座豚手造りハム本店（吉田太一写す）

当時、日大の畜産学科教授の長野實さんと、教育研究に必要な豚を提供するなどの協力をして、親しくしていた。そのつてで紹介してもらったのだ。

松永はすぐ岩手県に派遣した。もとは養豚家の石川和宣さんが立ち上げた「一関ミート」という手づくりハム・ソーセージの会社で6カ月修業。終わると、今度は東京のあるハム製造・販売会社で勉強させた。

一方、私は工場づくりに追われた。うちの近くで、県道沿いの土地約150坪（約500平方メートル）を工場と店舗用地として取得、排水などの許認可をとり、ようやく着工した。2600万円ほどの補助金を活用した。

私自身もハムづくりを一から勉強した。1

頭の豚からロース、バラ、肩、ももなどの生肉がどれだけの割で取れて、そこからどれだけのハムやソーセージができるのか。工場ができると、実際に枝肉から骨を抜き、脂を取る練習もした。手が傷だらけになった。

東京の会社で研修中の松永は、週末には綾瀬に来て、一緒に製品づくりに取り組んだ。しかし、なかなかうまくできない。硬すぎたり、水っぽくなったり。屠畜後間もない肉より、少し置いた方が味がよい。どの程度寝かした肉を使えばいいのか。さまざまな試行錯誤が続いた。専門の技術者にも来てもらった。

夏の暑いさなか、松永と悪戦苦闘した。創業の日は85年11月13日と決まっている。それに間に合わせなければならない。

同じころ、ブライトピックの農場の増床を進めていた。第一農場と同じ千葉県の山田町（現・香取市）に、600頭一貫の第二農場を開設した。毎日、ハム工場に詰めていたので、農場のことは電話で指示を出した。

何とか創業日ぎりぎりに商品が整った。役員の金井さんが私の家に寝泊まりして協力してくれたのが、大きな助けになった。

現在、高座豚手造りハムの商品は50品目ほどに上るが、当時はロースハム、ボンレスハム、ベーコン、ウインナーソーセージなど12品目だった。
商品の特色は「本物づくりに徹すること」。

一般的なハムは材料の肉よりも1・5倍ほどの重さがある。卵白などさまざまなものを加えて、増量するからだ。われわれのハムは増量しない。1キロの肉からつくれるハムは約800グラムほどと、逆に減る。当然、同じ重さの生肉と比べるとかなり高い。

味も、健康志向や高齢のお客さんのことを考えて、塩分は控えめに、添加物もできるだけ抑えた。その結果、ハムの賞味期間は1週間程度とかなり短くなった。

しかしおいしさは格別だ。まさに本物の味。これなら、値段が高く、賞味期限が早くきても、お客さんはきっと付いてくる。いいものをつくれば必ず売れる。最初はそう信じていた。

地元で認めてもらう

高座豚手造りハムが創業した1985（昭和60）年ごろは、ものが余っている時代だ。厳しい販売競争の中、後発部隊のわれわれが利益を上げるのは大変だった。

当初は賞味期限までの日数が短かった。だから、すぐに売れ残る。つてを頼って、厚木

1988（昭和63）年、長州一二知事（右端）に高座豚手造りハムを献上

方面の企業や役所など、あちこちに売りに行った。

何とか販路を開拓しようと、東京の百貨店も回った。しかしいつも、いきなり「いくらにまけるの」という話になる。ブランド力がないと、まともに相手にしてもらえない。

「やはり地元に認知されないと駄目だな」。それで始めたのが、綾瀬市内の学校給食への提供だ。給食を通じ「本物のハムの味」を知ってもらうことは宣伝だけでなく、地域貢献にもなった。

ハムづくり教室を開いたのもよかった。以前、PTAで一緒に活動した人たちが、知り合いに参加を呼びかけたりして、協力してくれた。

ハムづくりを体験することで、加工すると、肉の重さは減る。なぜハムの値段が高いのか理解され、店のファンづくりにもつながったのだ。

行政も応援してくれた。われわれの活動は、今で言う「地産地消」や「アグリビジネス（農業と結び付いた産業）の創出」。そういう点を評価してくれた。

そのうち、少しずつお客さんが付いてきた。注文生産によりロスを抑えるなど、経営の仕方や商品づくりも見直した。なんとか、4年目ぐらいから黒字になった。

軌道に乗ってからも、製造担当者をドイツやイタリアへ勉強に行かせ、技術の向上を図っている。モニターを募集して、味などについて意見も頂き、商品づくりに反映させている。

1995（平成7）年には藤沢の六会日大前駅近くに、初の支店として湘南六会店を開いた。

この店は、加工・調理する様子がよく見えるようになっているのが、一つの特色となっている。

横須賀に出店する話もあったが、綾瀬の本店との距離を考えた。本店で上げた花火が見えるところ、つまり口コミなどで本店の評判が伝わる範囲の先端ぐらいがよいのでは、と考えた。

２００４年には、役員の金井さんの地元、相模原に出店した。高座豚をもっと多くの人に食べていただきたい、という思いから、店の２階に09年、レストラン「シュバインハーベン」を開いた。昨年６月には田園都市線・あざみ野駅近くに横浜あざみ野店を開いて、横浜進出も果たした。

また07年、事業の拡大と一層の経営の合理化・安定化のため、農事組合法人高座豚手造りハムと、母体の株式会社神奈川畜産が一つになり、株式会社高座豚手造りハムを設立した。

われわれの経験から言えることは、養豚家による加工・販売を成功させるには、まず豚の生産をしっかりさせること。生肉のおいしさを確立し、徹底したコストダウンが図れていないと失敗する。それと、専門外の部分ではアウトソーシング（外部委託）も必要だ。

１万食の豚汁をつくる

１９８６（昭和61）年から６年間、綾瀬市畜産協会の会長を務めた。

協会では90（平成２）年、「綾瀬ふれあい大釜」というイベントを始めた。内径１・35メートル、深さ１・26メートル、容量２１６０リットルの鋳鉄製の大釜を用意し、地元産の豚肉や野菜で豚汁を１

消防団活動を終えた1985（昭和60）年、一緒に活動した分団長らを率いてアメリカとカナダを旅行、絆を強めた。後列中央が私

万食つくり、市民まつり（現・綾瀬いきいき祭り）の来場者へ振る舞った。今は豚すきに変わり、大人気を呼んでいる。

大釜をつくった理由は、87年から4カ年かけて行われた「団体営畜産経営環境整備事業」（団体営）と深い関係がある。

綾瀬は養豚だけでなく酪農、養鶏も盛んな地域で、高度成長期には規模の拡大も進んだ。一方、都市化の影響で問題も出てきた。

ある養豚場の移設と、その後、農協の堆肥施設の閉鎖という大きな問題が起きた。周辺の養豚農家では浄化槽の整備が必要となったが、各農家にとって大きな負担となる。

そこで国の補助を活用した「団体営」が計画された。目的は①畜舎から出る汚水を公共下水道に排水する②家畜の糞を堆肥化する施設をつくる③堆肥を還元し優良な農地をつくる。

具体的には、家畜の尿を井戸水で希釈して下水道に接続する、という全国初の浄化処理施設、豚と牛の糞を発酵処理して堆肥にする施設（堆肥センター）などを整備する。総事業費約6億3千万円という大がかりな事業だ。

私はこのころ、市役所の中枢部としっかりつながっていた。畜産協会だけでなく、消防団活動もこのような人脈を育んでくれた。ときには、当時の鈴木進市長の〝裏参謀〟のようなこともした。

市長は市役所を移転し、跡地に商業の核をつくる「タウンセンター計画」を打ち出した。実現すれば計画地周辺の市街化に拍車が掛かるだろう。この辺りには畜産農家が点在している。それらの農家の将来が、私には気がかりだった。

市長に、「タウンセンターを決める前に、綾瀬の畜産を今後どうするのかという計画を出して、市政へ畜産をきちんと位置付けるべきだ」と進言した。市長は理解し、そのために団体営に尽力する、と約束してくれた。

ブライトピックは既に浄化槽を設置していた。ところが県の担当者が「浄化処理施設を利用する農家のまとめ役になってくれないか」と頼みに来た。各農家の調整や地域への協力の呼びかけなどに、利用者として関わってほしい、という趣旨だ。養豚と酪農の農家が十数戸、利用する予定だった。

事業は困難な状況にあった。私は何千万も掛けた浄化槽を使わなくなるのだから、大きな覚悟のいる話だった。しかし、私で力になれるのなら、と参加を決めた。

事業推進に立ちはだかったのは堆肥センターの場所。2、3の候補地が挙がったが、「においがする」とどこでも反対された。私が地元説明会で話しても駄目。ついに「団体営反対」の請願が2300人の署名を添えて議会に出された。このまま行くと、団体営の予算が委員会で否決される、というピンチに陥った。

必死で賛成著名集め

「団体営に反対」の請願が議会で通るのを食い止めるには、同数の賛成署名を集めて「賛成請願」を出すしかない、という。

私は1週間、寝ないで「賛成」署名を集めた。必死だった。

目標の2300人が達成できた。議長は、反対・賛成が同数なので、どちらの請願も取り上げない、という形で終結させた。

署名集めにはＰＴＡで知り合った人たちに協力してもらった。地元に都市農業への理解を深めてもらおう、と努力してきたことが実を結んだのだ。

しかし反対は取り消されても、堆肥センターの用地は決まらない。用地問題などから事業年度を繰り越した関係で、「この年度内に決まらないと、事業が頓挫するかもしれない」と市の担当から告げられた。

８月の「綾瀬いきいき祭り」で１万食の豚すきづくりに使われる「綾瀬ふれあい大釜」。ふだんは綾瀬市民文化センター駐車場に設置

一方、タウンセンター構想は議会を通過した。それを知って「市長は団体営をないがしろにしているのではないだろうか。何とかしなくては」と思った。

議会通過の２日後、湯河原で、市長のほか市議会議員、農業委員会委員、農協理事・監事らが集まる年度末の反省会があり、私も出席した。

宴席ではあったが、私は市長に直言した。結果、用地は確保され、事業が進んだ。団体営のことで私は、タウンセンター計画が進展すると存続が難しくなる農家のため、畜産団地の整備も提案した。

ところが、対象となる農家は「そんなに都市化は進まないだろう」と団地への移転に消極的だった。私は早めに先を見ていたわけだが、この話は先送りになった。

一つ、大きな課題が残った。団体営をめぐり、市民が賛成と反対で二分されてしまった。融和を図るために、何かよい方法はないだろうか。「同じ釜の飯」を食べれば、理解が深まるのではないか。

そこで思い付いたのが「ふれあい大釜」だ。公募で決まった名前には「農家と都市住民とのふれあいのシンボル」という意味が込められている。

大釜の製造費は、畜産協会のやりくりだけでは足りない。市の園芸協会（野菜、果樹等の生産者の集まり）にも協力を仰いだ。

かまどは、ヒューム管（導水用のコンクリート管）のメーカーから、ひびの入ったものを分けてもらった。屋外に保管するための屋根は、市の工業会から紹介された業者が、好意で材料費だけで製作をしてくれた。

大釜事業を成功させた秘密の一つは味付けである。これは畜産協会の栗原昇さんを中心とする種豚部各位のお骨折りのおかげだ。

市役所では当時、産業振興課農政係の木島裕樹君にお世話になった。「賛成」の署名集めの時も、大釜づくりの時も駆けずり回って、助けてくれた。

木島君はその後、私の影響も大きかったらしく、畜産の仕事に興味を持った。市役所をやめて一から勉強し、今では、静岡県の富士宮で牛400頭を飼育する大規模な酪農家となっている。

第五章　市、県、国に農業振興を働きかける

市政を考える会結成

綾瀬市畜産協会の会長を務めながら、1987（昭和62）年からは、市農業委員会委員も2期6年間、務めた。

当時、市は「農家体験留学」という事業を行っていた。小学5～6年生を対象に、農家に1泊して農家の実際の生活を体験してもらう、という内容だ。農家1戸あたり2人ほど受け入れた。年間約100人の児童が参加した。

私は、畜産は特に、においや排水処理の問題で地域との関係づくりが大切だと考えている。体験留学生の受け入れは、畜産の理解力を高めることにつながる、という思いから、積極的に進めた。

これは、農業委員会にとっても重要な事業だと考えた。委員会の目的の一つは農業後継者の育成である。しかし体験留学の受け入れ先が足りないので、委員自ら受け入れよう、と提言した。

タウンセンター計画の関係では、農業委が苦しい立場に立たされた。この計画は市役所の移転が前提だが、移転先は「農振農用地」にあった。市の農用地利用計画で「農業振興

1988（昭和63）年ごろ、綾心会の集まりで。前列左から私、中学時代の恩師・大塚笑子先生、武藤政雄・元綾瀬町長。後列右端は現・綾瀬市長の笠間城治郎さん

を図るため、優良な農地として守るべき地域」に定められた土地だ。

市は、移転候補地を、農業用地から除外する計画変更の手続きをとる、という。私は農政部会長として、その土地はあくまでも農業振興に使うべきだ、と異論を唱えた。

委員会の中でも意見が割れた。最後は規模を縮小して進めることになったが、私は市の農業振興策には問題があると主張して、一層充実させるように、と要望した。

農業委員を2期で降りようと考えていると、「次期は農業委員会会長になってくれないか」と当時の会長らが頼みに来た。

私はまだ50歳の手前で、会長の任にはふさわしくない。だが、吉岡地区から農業委員会

の会長が出ていないのと、吉岡の人で適任者が思い浮かんだので「会長のことは私に任せてほしい」と頼んだ。

推薦したのは宇留志保《うるし》さん。もとは養豚家で、当時は豚舎でキノコ類を栽培されていた。ＰＴＡ副会長や消防団の副分団長などとして地元にもよく貢献され、人望もある。私は繰り返しお願いをして、引き受けていただいた。

綾瀬市との関係で、もう一つ、記したいのが「綾心会」のことだ。

前にも書いたが、市長や地元県議から「後継者になってくれ」という話がきたものの、断っていた。その代わり、綾瀬はどういう市であるべきかをみんなで考えるため、われわれ40代前後の人を中心に勉強会をつくろう。そう思って、87年ごろ立ち上げた。

88年には、当時、コメンテーターとして活躍していた海江田万里さん（現・衆院議員）に講演してもらった。

鈴木市長を応援する政治団体という面は確かにあったが、市長べったりではない。市民のためにならないことをすれば、リコールなどの形でお灸《きゅう》を据えることもある、という立場だった。自由にものが言える雰囲気で、政治のこと、地域のことについて学び合いながら、10年ほど続いた。

病気対策で国へ要望

畜産農家にとって、家畜の感染症の流行は深刻な問題である。1984（昭和59）年、県内で広がったオーエスキー病もその一つ。ウイルスが引き起こす豚の病気で、異常出産や神経性の症状により養豚業を困難にする伝染病だ。

その3年前に、山形県で、わが国初の発生が確認された。

神奈川県は「種豚県」。県内で育てた種豚を全国に販売する事業が盛んだ。病気の発生を公表すれば、県外に送り出された豚の扱いなどで混乱を招く恐れもある。公表は控えるべきだ、という意見が業界で出ていた。

私は、病気の発生を隠すべきではない、という意見だった。全国各地で発生が確認されている状況では、いずれ知られる。その代わり、ワクチン接種により発生を抑えることに取り組んではどうか。

ワクチンは欧米では普及していた。ところが日本では、承認どころか治験も実施されていない。一刻も早く治験を認めてもらうため、県や国に要望した。それまで、県には要望などを行っていたが、国に対して働きかけたのは、この時が初めてだと思う。

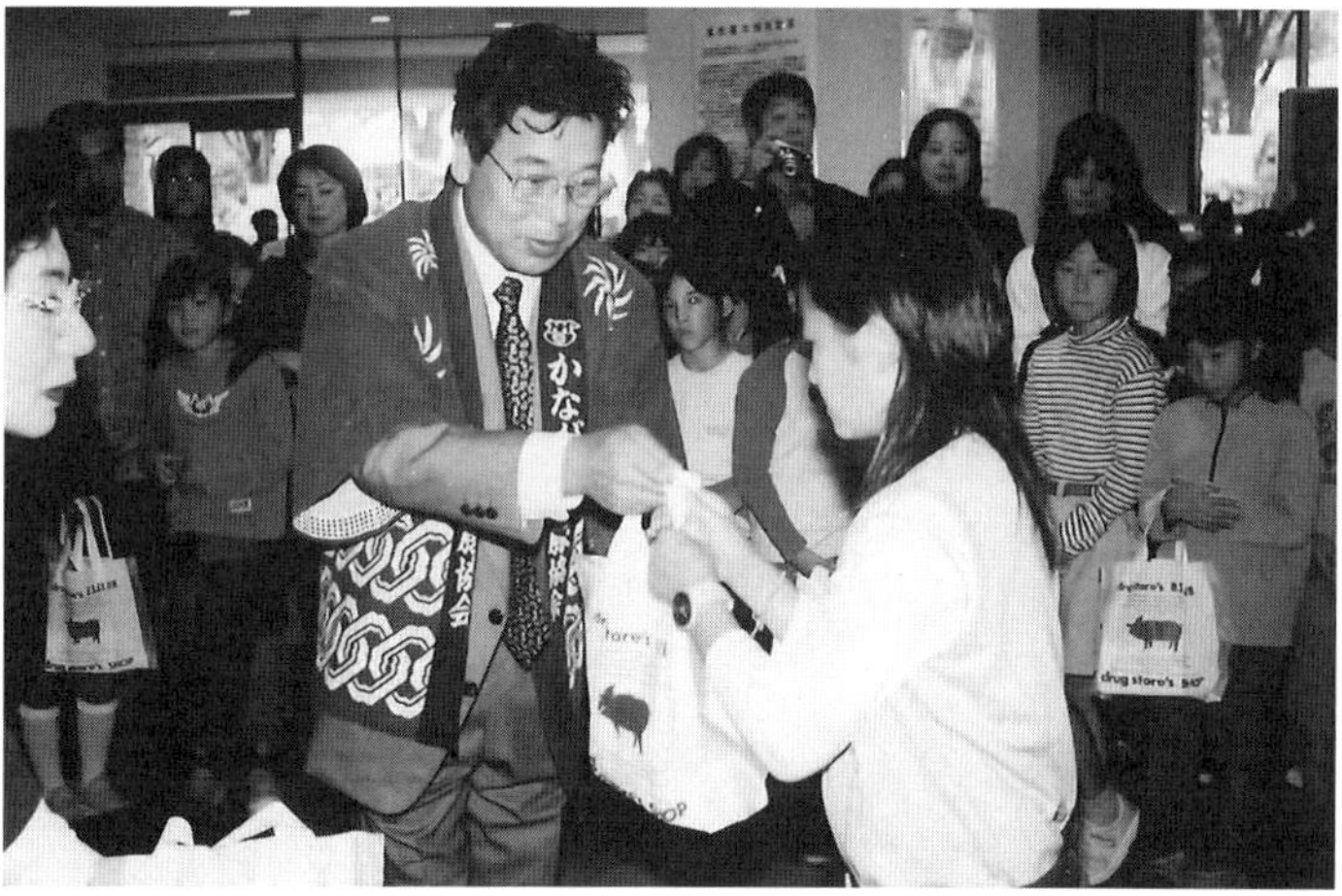

2003（平成15）年、かながわトントンまつりの「豚のハガキ絵コンクール」表彰式で

　この問題が一つのきっかけとなって、88年、県内に六つあった養豚団体が一つにまとまり、社団法人神奈川県養豚協会が設立された。一本化することで、発言力がついた。

　私はこの協会で、91（平成３）年から理事を務め、２年後の93年から２００７年まで理事長を仰せつかった。

　また神奈川県畜産振興会で、93年から理事、02年からは今日まで会長を務めている。横浜市磯子区にある畜産センターの家賃収入を活用して、畜産農家の支援や、生産物の消費拡大などに結び付く事業を行う団体だ。

　綾瀬市で、市民に畜産へ親しみを感じてもらうよう、いろいろな事業を展開した。今度は、県民の畜産への理解力を高める活動に取り組むことになった。

その一つとして、県養豚協会で92年から「かながわトントンまつり」を始めた。大学構内などを借りて、仔豚とのふれあい、仔豚レース、豚肉を使った料理教室などを行う。好評を得て恒例となり、昨年で20回を迎えた。

第1回は日大教授の長野實さんのご協力で、藤沢の日大キャンパスを会場に使った。その後は厚木の東京農大（農学部）、相模原の麻布大にもご協力いただいている。

人気を集めているのが「豚のハガキ絵コンクール」だ。小学3・4年生を対象に、はがきに豚の絵を描いて応募してもらい、「まつり」の会場で表彰式と作品展示をする。いつも力作ばかりで、目を見張らされる。

最近は畜産専攻の大学生でも、豚の足を5本指で描いたりする、と聞いた。豚の絵を描くことで、豚にもっと興味をもってもらえたら、と願っている。

畜産振興会でも93年から「かながわ畜産フェスティバル」を各地で開催。家畜とのふれあいや生産品の紹介などを行い、トントンまつりにも協力している。

「T型人間」を目指す

1980年代後半からの約20年間は、自分の事業に加え、綾瀬市のこと、県のこと、さらに国全体のこと、といろいろ抱えて、大変な日々が続いた。その間に時々、変化をもたらしてくれる活動があった。87（昭和62）年に結成したスワインプレジデントクラブ（SPC）だ。

これからの養豚家は、自分の周りだけ見ているのではなく、国際感覚も身に付けなければ駄目だ。かつて農業講習所で大槻先生から教わった「T型人間」を目指す、つまり仕事以外の文化芸術などにも興味を持たないといけない。

そんな思いから全国の養豚仲間に「勉強も遊びも一緒にやらないか」と声を掛けた。

1県1人と決め、私を入れて全部で10人。埼玉から岩手に移った橋本輝雄、養鶏家では日本のナンバー3とされ、養豚もやっている愛知の栗木鋭三らに参加してもらった。

みんなから年会費を集めて活動費にした。必要な時には、思い切ってお金を使う。時には「超一流」も体験しよう。切り詰めるべきところは切り詰める、という方針を立てた。

年4～5回、東京や会員の地元で講演会、農場見学、情報交換、観劇会などを行った。

衆議院議員に初当選した藤井裕久さん（中央）のお祝いに駆け付けた私（左）。右は竹下登・元首相　1990（平成２）年

「夫婦同伴」として、時には女性のためのプログラムも用意した。

東京の会場はいつも帝国ホテルを使った。当時、ホテルの副社長だった藤居寛さん（後に社長）が私の知り合いだった関係だ。

藤居さんと出会ったのは75年ごろ、第一勧業銀行（現・みずほ銀行）の筆頭常務をされていたころだ。

当時、私は厚木支店の経営研究会に参加していて、ある日、研究会メンバーらのゴルフ大会があった。ところが当日、雨が激しくて中止。その日たまたま参加された藤居さんを、このまま帰らせるのは申し訳ない。私の顔の利く厚木飯山温泉の元湯旅館に案内し、もてなした。

このとき、藤居さんと話をしていて魅力を感じ、お付き合いが始まった。温泉旅館でのくつろいだ一時が、貴重な人脈をつくってくれた。

90（平成2）年2月に、SPCの仲間6人らとミクロネシア連邦ポンペイ州を訪れた。第2次世界大戦中、日本の統治下にあったポナペ島である。

島には、冠婚葬祭の儀式で豚を振る舞う習慣がある。閉鎖的な島の中で近親交配が進み、豚の質が落ちている、という。友好親善のため、われわれから、カナダで買い付けた種豚10頭を州へ寄贈した。

同じ年の8月の例会では、私の紹介で、衆議院議員の藤井裕久さんに講演してもらった。藤井さんはこの年、綾瀬市などを含む旧神奈川3区から出馬して衆議院に初当選を果たした。私は以前、地元の人に応援を頼まれ、知り合った。農業が分かっている政治家だと感じ、業界にも呼びかけて協力した。

選挙区が変わった後、今度は私が、関税問題や国の政策のことで相談に乗ってもらうなど、いろいろ力になっていただいた。今でもお付き合いを続けている。

名産品の表彰受ける

綾瀬市が市制15周年を迎えた1993（平成5）年、綾瀬の名を広めた店舗として高座豚手造りハムを含む、市内の4店が表彰された。

それまで綾瀬には、「名産」として広く知られるものがなかった。表彰を機に、4店が協力し地域の名産を広める活動をしよう、と呼びかけた。

翌年の94年、市役所の庁舎1階に、4店の商品を紹介するショーケースが設置された。それに合わせて「あやせ名産品会」を立ち上げた。

その後1店が休会、1店が追加認定され、現在は高座豚手造りハムのほか「豚みそ漬《づけ》」の大久保商店、「あやせサブレ」のパレ・ド・モンパル、日本酒の「あやせ本醸造」販売の矢部商店が参加している。

ちなみに、この中の2店は、「かながわの名産100選」に、「高座豚（加工品）」と「厚木・綾瀬の豚肉の味噌漬《みそづけ》」として選ばれている。

名産品会は小さな組織だが、市内外の催しへの出店や、コンサート出演などで綾瀬に来た著名人へのプレゼントなどを続けてきた。姉妹都市の千葉県沼南町（現・柏市）のイベ

「高座豚手造りハム」は「かながわブランド」にも認定されている＝同本店で（吉田太一写す）

ントにも一時期、出店していた。市役所との連携もうまくいき、認知度を高める効果は確実に出ている。

同じ94年、全国養豚経営者会議（全豚）の副会長になった。折しも、養豚経営に関わるウルグアイ・ラウンド（ＧＡＴＴの多角的関税・貿易交渉）が大詰めを迎えていた。

前に書いたが、豚肉の価格を安定させ養豚農家を保護するため「差額関税制度」が設けられている。基準輸入価格より高く輸入される豚肉には定率関税、低い場合は基準価格との差額を関税として課す。これに対し、アメリカなどが制度の廃止を求めてきた。

まだ交渉中の12月、全豚は東京で「養豚経営危機突破全国大会」を開いた。１３００人ほどの生産者が集まり、「差額関税制度の堅持」を確認した。

従来のまま堅持ではなく、基準輸入価格を引き下げ、輸入急増時にはセーフガード（緊急輸入制限措置）をとる、といった新しい措置も提案。これはその後の仕組み（現行）づくりに貢献した。

この後、参加者は霞が関の農水省周辺を仔豚と一緒にデモ行進した。豚は手押し車に乗せて、途中、数寄屋橋の交差点では、放した。

事前の打ち合わせで「そんなことをしたら、騒乱罪で捕まります」と事務局に反対され「それなら俺が逮捕されればいいじゃないか」と押し切った。

豚を放す目的は、道行く人にアピールし、多くのマスコミに取り上げてもらうことだ。実際には、あまり迷惑を掛けないよう、配慮してやった。

デモの後、農水省畜産局に請願と提案を渡した。当時の局長は高木勇樹さん、後に事務次官になった方で、この時のことがきっかけで懇意になった。

退官後、農林漁業金融公庫総裁を務められた際、「政策金融公庫のあるべき姿」を議論する委員会に私を参加させてくれた。その委員会でも、人脈を広げるなど貴重な経験に恵まれた。

千葉県の農場でも地元の理解を高めるため、いろいろな取り組みを実施。その一つ、施設見学を組み入れた「消費者との交流会」＝2005（平成17）年、銚子農場

農水省官僚と勉強会

「どうして牛の置物があるのに、豚の置物がないのですか」

1993（平成5）年、ウルグアイ・ラウンド（世界の多角的貿易などを進める通商交渉）への要請文を渡すために、農水省畜産局の局長室に初めて入った。そこで気付いたことだ。置物は、牛の生産者から贈られたという。私はすぐ、木彫りの豚を局長室に届けさせた。

当時、国の畜産政策は「牛」、つまり酪農や肉用牛生産の振興がほとんどだった。豚も、国の施策にきちんと位置付けてもらうよう働き掛けなければ、と考えていた。

それで置物一つにこだわったのだが、畜産局には強い印象を残したらしい。その後も話題になっていたという。

95年ごろ、第1回の養豚問題懇談会のメンバー（政府委員）に加えられた。この場でも、「豚も牛並みに」と繰り返し発言をした。その成果もあって、養豚振興の施策がかなり増えてきた。

畜産局では、部課長から若手まで、事務職でも獣医師などの技術職でも、牛に詳しい人、いわば「牛族」は多い。だが、豚のことが分かる人は非常に少なかった。

何とか「豚族」を増やしたいと考え、畜産局とわれわれ生産者とで豚の勉強会を開くことにした。畜産局の南波利昭さんに局内のまとめ役をお願いし、生産者側は私がまとめた。「養豚友の会」と名付けて96年にスタート。班長・係長を中心に部課長クラスも加わり、年に2、3回開催した。意見交換をしたり、講師を呼んだり、現場の視察も行い、2006年まで続いた。

局内の養豚への理解度を高めるとともに、生産者と農水省職員の交流を促した。官僚に現場を見てもらったことは大きく、施策の改善にもつながった。

自分の事業では、96年、有限会社ブライトピック千葉を立ち上げた。われわれの要望が実を結んで、国の養豚振興施策が増えてきたので、新しい補助事業を活用して、大規模農場を開くことにした。

その前に、千葉県でも神奈川畜産と同様に、共同購入などを行う養豚事業者の組織をつくっていた。

農場は千葉県北東部の海上郡飯岡町（現・旭市）のゴルフ場跡地を購入、分娩《ぶんべん》舎と肉豚舎を備える1100頭の「SPF豚」一貫の農場を開いた。

SPF豚とは、特別な管理体制で分娩・飼育した種豚から生まれた豚。マイコプラズマ肺炎といった特定の病気の病原体をもたないなど、健康や安全に一層配慮した豚である。

会社は飯岡町の隣、香取郡干潟町（現・旭市）の養豚組合に加盟。当時、干潟町の農政担当だった堀江隆夫さんにお世話になった。われわれの事業計画を理解し、手続きなどの相談に乗っていただいた。

堀江さんは、国の施策を町の事業に活用するため、足を使って情報収集に努めるなど非常に精力的で、私自身、刺激を受けた。旭市移行後も農水産課長などとして活躍され、われわれとも幅広く連携している。

千葉県旭市のブライトピック千葉・飼料工場に2008（平成20）年、当時の中川昭一財相、堂本暁子同県知事、伊藤忠良同市長が訪問した際、社員とともに

よい人材に恵まれて

ブライトピックが初めて千葉県に進出した時（第一農場開設）は反対運動に遭ったが、その後は遭っていない。第一農場の実績で「環境対策をきちんとやる事業者」として認められたからだと考えている。

1996（平成8）年にブライトピック千葉を設立してから、飯岡農場を開設するまで3年ほどを掛けた。

同じ場所で以前やっていた養豚事業者は、排水処理に問題があった。われわれは、環境に対する姿勢をきちんと示さないと、地元で受け入れてもらえないだろう。それで浄化槽の整備から始め、2年目は分娩舎、3年目に肉豚舎を完成させた。

用地の地中には埋蔵文化財があるので、地下は掘らず、全面コンクリートの土台の上に豚舎を建設した。

その後、千葉県で2001年に東庄（東庄町、1300頭・繁殖）、02年に銚子（銚子市新町、7000頭・肥育）、06年には森戸（銚子市森戸、1300頭・繁殖）、11年、銚子Ⅱ農場（1万1200頭・肥育）と拡大させた。

現在、ブライトピックと同千葉を合わせて、神奈川・千葉両県にまたがる10カ所の農場と、1カ所の飼料工場（旭市溝原）を運営している。

どうして、こんなに次々と農場を開いているのか、と尋ねられる。答えは「いい人材がいたから」。

神奈川中央農産で福島に農場を開いた時から、新しい農場には一番優秀な人を送り込んできた。場長にふさわしい人材が育っていなければ、これだけの農場を持つことはなかった。その意味で、私は人に恵まれている、と感じる。

場長には、お金のことも含めて、すべてを任せている。手造りハムの店長も同様だ。

経営者が能力を認めて信頼する。社員がそれに応えて「会社のために」と全力を注ぐ。

こういう関係が、場長らとの間でうまく築かれたのではないか、と信じている。

しかし、経営にはリスクがある。新しく農場を開く時は、いつも場長に「枝ぶりのいい木を1本、残しておくように」と指示をしている。「何かあったら、その木で、私と心中する覚悟でやってくれ」と伝えている。こういう緊張感も大切だ。

千葉に入って、地域貢献活動はさらに強まった。まず、私の持っている技術も、施設も、えさも、取引条件もすべてオープンにした。関係者からは「ブライトピック進出後、千葉の養豚のレベルが格段に上がった」という評価をいただいている。

社会福祉や青少年育成などへの寄付に加え、6年ほど前から、障がい者雇用も積極的に進めている。

飼料工場では現在、約30人の従業員のうち、半数以上が知的障がいのある人だ。余った食品をえさ化するための、弁当の中身の仕分け作業などに従事。働きぶりなどから比較的能力が高いと分かり、生産農場に移って、より生き生きと働いている人もいる。

職場に障がい者が入ることで、それまで気付かなかった、健常者の努力の足りない部分が見えてくるなど意外な成果も出ている。

2006（平成18）年、神奈川県県民功労賞を頂いた。それを
「祝う会」で女房、娘たち、息子（次女の夫）、孫たちと

県農政部の廃止反対

１９９８（平成10）年６月、神奈川県畜産振興会の総会に、県養豚協会理事長として出席した。そこで、「来年４月、県の行政システム改革の一環で農政部が廃止され、商工労働部と一緒になる」という話を聞いた。

振興会の会長は受け入れる姿勢を示したが、私は納得できない。

県の農業施策はかなりしっかりしていた。限られた県土の中で農業を守り、食料生産という生命の根幹に関わる課題に取り組んできた。これは農政部という組織があったからできたことではないか。なくなっても、今までの施策が維持されるのか、疑問だ。

その場で問題を投げ、次の日から行動した。

農政部廃止に伴い、畜産課もなくなるという。それもわれわれには大きいが、「農政部存続」を前面に出し、多くの組織を巻き込むべきだ。高校の後輩で、この時、県農業経営士協会会長だった難波博文に相談して、同協会に運動の中心に立ってもらった。

農政に関係する各団体に「部局再編計画を見直し、農政部存続を」という請願を県議会へ出すよう呼びかけた。既に廃止を了承した組織もある。畜産課は「いまさら蒸し返さないで」と冷たかった。

一方、県養豚協会としては、農政部存続と併せ、屠畜場問題への対応も県に要請しようと考えた。

当時、県内には横浜のほか相模原、厚木、平塚、小田原の4カ所に屠畜場があった。「と畜場法」改正で衛生対策のための改築などを迫られ、厚木の屠畜場は赤字で閉鎖を決めた。これらを集約し、新しい基準に合った近代的な屠畜場をつくってほしい。

こうした施設が県内にある必要はない、という意見もある。だが、大震災などの災害時には食料備蓄の役目を果たすのだ。必要性は十分にある。

農政部存続と屠畜場問題、この2点を県民に理解してもらうため、神奈川新聞に全面広告を出した。「県から補助金をもらっている団体なのに」と批判も浴びた。しかし、使ったのは補助金ではなく、会員から「チェックオフ」で集めたお金だ。

チェックオフ制度とは、会員の養豚事業者から、出荷頭数に応じてお金を集め、広報宣伝、政策要望活動などに充てるもの。欧米の生産者団体などでは広く行われている。

自主的な活動のため、こういう形で資金を用意すべきだ、と全国養豚経営者会議で私が提案した。神奈川の養豚協会は他に先駆けて2007年ごろ導入、それが役に立った。

県会議員にも協力をお願いした。その数年前、自民党の県会議員8人で「県養豚議員顧問団」を結成。団長は堀江則之さん（現在も在任）。そこにまず相談、次に同党の政調会に何度か説明に出向き、県議団の前でも話した。

当時、県連幹事長の梅沢健治さんにも会いに行き、県への働きかけを頼んだ。

議会を動かそうと必死になっていると、県の幹部の中に私の話を受け止めてくれる人が現れた。当時の農政部長で、後に副知事になられた水口信雄さんだ。

全国組織発足させる

農政部の存続と、屠畜場の問題で要望するため、岡崎洋・県知事と会って話をした。私

豚事協副理事長の栗木鋭三（中央）とは毎年、夫婦で旅行。2006（平成18）年、クイーンエリザベス２のファイナルクルーズに参加、エジプトで

の始めた運動に関心を寄せた農政部長の水口さんに、取り計らっていただいた。農政部廃止はどうしても考え直してほしかったので、3度ほど会いに行った。

その後、廃止案は見直され、翌1999（平成11）年、農政部は「環境農政部」として再出発した。確かなことは分からないが、われわれの反対運動の成果だと信じている。

振り返ってみると、自分でもよくやったと思う。「廃止はもう決まったこと。蒸し返さない方がよい」という声に囲まれ、厳しい状況からの逆転だった。「やればできる」という思いを強くした。

屠畜場問題も良い方に向かった。四つの屠畜場を集約した神奈川食肉センターが200

2年、第三セクターとして、国・県・市の補助金を含め総額100億円を掛けて、厚木に開設された。

これも水口さんに、用地確保に絡んだ問題への対応をはじめ、もろもろのことでご尽力いただいた。

水口さんの、物事を見極める力の確かさなどに引かれ、親しくなった。「平本会」という、私と農業講習所で一緒だった平本雅章の集まりにも加わっていただき、交流を続けている。会には魅力的な人が集まっている。弁護士の武内大佳さんもその一人。私から頼んで、綾瀬市農業経営士会の顧問弁護士になっていただいた。困っている農家には無料で相談に応じることも。私も時々、会社や社員のことでお世話になっている。

00年11月15日、日本養豚事業協同組合（豚事協）を発足させた。簡単に言えば、えさの購入、家畜診療所の運営などを共同で行った神奈川畜産の全国版。北海道から沖縄まで現在、四百数十戸の農家が加盟する専門農協的組織だ。

激しい国際競争にさらされる個々の養豚農家にとって、コストダウンは急務だ。だが特に中小経営者は先行きが暗い。中小農家が先細りになると、業界全体が縮小し、比較的規模の大きい経営者にも悪影響が出る。未来に希望が持てる養豚業界にするため、経営の大小を問わず結束しよう、と呼びかけた。

スワインプレジデントクラブ（SPC）の栗木鋭三に協力を頼んだ。栗木は政治関係の人脈があり、何かと頼りになる。理事長は中小生産者の代表がよい。愛知県を中心とする農家を集め、飼料の共同購入をしていた稲吉弘之さんにお願いし、栗木と私は副理事長に就いた。

発足は急いだ。翌年4月から農水省畜産局がなくなり、生産局畜産部になる。手続きなどを畜産局のあるうちに済ませよう、と考えたからだ。

事務所はしばらく、東京・虎ノ門の中央畜産会の事務所一角を間借りした。畜産局から話を通してあったが、登記のため正式な許可を取る段になったら、スムーズに運ばない。期限ぎりぎりにあわてて同会の副会長に頼みに行った。会長は、懇意にしていた衆院議員の山中貞則さん。その承諾はすんなり取れた。

第六章　豚肉の安全安心と自給率向上を

豚コレラ問題で苦闘

2000（平成12）年の日本養豚事業協同組合（豚事協）設立を挟んだ約10年間、「豚コレラ清浄化」の大問題を抱えていた。

豚コレラはウイルスが原因で豚とイノシシに起きる病気で、感染力が強く、致死率が高い。かつては毎年のように発生し、養豚農家を苦しめてきた。

1969（昭和44）年に実用化された弱毒生ワクチンと、組織的な接種体制の整備により、発生が激減した。

接種の徹底で発生が減ると、接種率が下がって再発生を繰り返すうち、92年ごろから発生が見られなくなる。

全国養豚経営者会議（全豚）の副会長だった95年ごろ、「豚コレラ清浄化（撲滅）」に向けた取り組みを国へ要請した。既に、アメリカなどは撲滅を果たしていた。

ワクチン接種は、病気を予防できるが、豚の体内にウイルスを潜在させる。接種を続けている限り「清浄国」ではない。しかし清浄化すれば、豚コレラの発生国と、ワクチン接種国からの豚肉輸入を、制限することができる。

1999（平成11）年、跡取りの次女夫婦に長男・茂樹が生まれ、親父から４代そろった＝2002年ごろ

コスト削減のためにも、ぜひ進めなくてはならない。ワクチンは獣医師に打ってもらうので、生産コストを押し上げた。国も年間約40億円を助成していて、中止のメリットは大きい。

農水省は96年から撲滅計画を進めた。計画では、まずワクチン接種を徹底する。次に、豚の抗体調査で陰性と確認されるなどの、条件が整った都道府県から接種を中止する。最終的には、すべての地域で接種をやめる。

当初の計画では２０００年が全面中止の年だった。中止後、万が一発生した場合に備えて、互助基金を設置する。この素案づくりは、畜産局と生産者の「養豚友の会」メンバーが中心となった。

ところが計画を進めている途中で、接種を続けたい生産者が増えた。互助基金を設ける、ということは再発生の可能性がゼロではない。もし起きたら、風評被害もあるので再建は難しい。こうした心配が広がったのが一因だった。

そういう中、00年10月に「ワクチン接種は原則中止。ただし知事の許可があれば認める」ことになった。

この決定の1カ月ほど前、自民党畜酪部会があった。99年から全豚会長となった私は、その場で「全面中止」の重要性を訴えた。

一方、養豚の盛んな県選出の国会議員が「打たせたい農家には打たせればいいじゃないか」と発言。同調する議員がほかに3人いた。

私は「国益になる清浄化を国会議員が阻むのはおかしい」と反論した。しかし、この日の畜酪部会での議論をもとに「知事の許可」条件が加えられた、と後で農水省の担当から知らされた。

条件が付いたことで、撲滅に積極的だった地域でも「全面中止の見通しが立たないのなら」と再開する動きが出てきた。神奈川の養豚協会も、打つか打たないかで真っ二つに割れた。

防疫は国レベルで行うべきで、都道府県に委ねてよいものではない。この時の決定は、日本の防疫のあり方に問題を残したと思う。

手術後もすぐ多忙に

豚コレラのワクチンが「全面中止」となったのは2006（平成18）年4月。「原則中止。ただし都道府県知事の許可があれば接種できる」となってから5年半たっていた。この間、「全面中止」の重要性を訴え続けた。

この問題が混迷に陥っていた00年4月、胃がんが見つかり、胃の3分の2と胆嚢《たんのう》を切除した。

約2週間の入院から帰宅後、しばらくはペースダウンしたものの、ほぼ2カ月で元の生活を再開、酒も飲めるようになった。豚コレラ問題をはじめ、のんびり静養していられない事情もあった。

この年、千葉県香取市の第一農場に、ドイツ製のリキッドフィーディング（液状飼料）の機械を入れた。食品残渣を、乳酸菌発酵処理により液状化するシステム。この機械は翌年、本格稼働したが、そこに至るまで苦労した。

2002（平成14）年、FTAの相手国メキシコ・ソノラ州の養豚施設を視察

翌01年は牛海綿状脳症（ＢＳＥ）問題が起きた。プリオンという物質がもたらす牛の病気で、感染した牛を食べると、人が感染する恐れもある。私は政府のＢＳＥ問題検討委員会に、畜産関係者代表として加わった。

この問題により、国産豚肉の消費量が伸びるとともに、豚肉に対する要求も多くなった。背景に、消費者の食の安全に対する意識の高まりがあった。

この状況をチャンスと捉え、国産豚肉の安全性や信頼性の高さを強調して、消費者により身近に感じてもらうよう努力しなければ、と業界で話した。

そうした機運の中、日本とメキシコとの自由貿易協定（ＦＴＡ）で、安い豚肉が関税をかけずに大量に輸入されるかもしれない、という話が入ってきた。

当時、日本は豚肉を年間約80万トン輸入していた。メキシコはその4分の1に当たる20万トンを日本へ輸出したい意向だという。

それを聞いて02年、スワインプレジデントクラブ（私が始めた養豚家の集まり）で、私を含め6人でメキシコへ調査に行った。

北西部のソノラ州は豚肉の日本への輸出に力を入れている。そこの養豚場などを視察した。

豚舎は広々として、衛生管理はしっかりしている。ただ、糞尿処理にはお金を掛けていない。生産コストはかなり低そうだ。関税抜きで日本に大量に入ったら、中小の農家は大打撃を受けるだろう。

この動きを止めなければ、日本の養豚が危ない。日本の食料の自給率や安全性も揺らぎかねない。なんとしても、「自由化品目の対象除外」にしてもらうよう、国へ要請しなければ駄目だ。

そのために、生産者団体が一つになろう、と翌年7月、全豚と全国養豚協会、日本養豚事業協同組合が連携して、ＦＴＡ等対策協議会を設立した。

一本化し、まず農水省に要請行動を行った。当時の大臣は地元選出議員の亀井善之さん。農業を守るため、一部の農産物の自由化対象除外は必要と考え、われわれの要請もよく理解していただいた。

侍の姿でメキシコへ

「豚肉を自由化対象品目から除外してほしい」という要請は、農水省だけでは不十分だ。貿易担当の経産省にも働きかけた。

大臣は新任の中川昭一さん。その数年前、農水相を務めていたので農業への理解力はかなりあった。「私の選挙区の帯広にも養豚があり、地元農家のためにもなる」と要請を前向きに受け止めてくれた。

亀井さんと中川さんは、ともに、豚肉輸入について同じ方を向いた。これは期待がもてると思ったが、十分ではなかった。

最後に決めるのは総理大臣。より確実にするには総理官邸に行くしかない、と言われた。当時の首相は小泉純一郎さんである。小さくてもよい、何とか官邸に入るための手掛かりはないものか、必死で探した。

メキシコ・カンクンのFTA交渉会場の前で、侍の衣装をまとい「豚肉の自由化品目除外」を訴えた

一つ、つてが見つかり、そこを通して首席総理秘書官の飯島勲さんと会った。官邸に農業関係団体が入ったのは初めてと言われた。「官邸に入りたい」という一念が通じたのだ。「やろうと思えばきっとできる」という気になった。

官邸に入ったのは全部で5回。そのうち1度だけ、小泉首相と面会できた。「神奈川で養豚をやっているとは知らなかった」などと言われた。

意外なことがあった。官邸に農水省の人がいたのだ。食品環境対策室の室長だった末松広行さん。2001（平成13）年に制定された食品リサイクル法や、食品残渣を飼料に活用することで意見交換などをした関係で、顔見知りだった。官邸には参事官として入っていた。

われわれ協会に協力的で、アドバイスも頂いた。いろいろとスムーズに運んだ。03年9月半ば、メキシコのカンクンで自由貿易協定（FTA）交渉が行われた。10月の合意を目指していたのでカンクンでの交渉は重要だった。その様子をつかむため、協議会の代表団が現地へ行くことになった。

私は、親父のことが引っかかっていた。肝臓がんで、何があるか分からないため、日本を離れるわけにいかない。そう思っていたところ、8月29日に87歳で亡くなった。葬式を終えると、日程的にはカンクンに行かれる。

ただ行くのでは能がない。アピールするために、何かよい方法はないか。代表団7人、侍の格好をしよう、と思い付き、松竹大船撮影所で衣装を借りて、メキシコに飛んだ。侍姿で、市内や交渉会場に立った。スペイン語の横断幕を掲げ、道行く人などにチラシを配った。

メキシコは、日本に豚肉を輸出したいと言いながら、豚肉を輸入していた。自給できていないのに、大量に輸出して大丈夫なのか。こうした趣旨をスペイン語で書いたものを市民へ配った。

予想通り、侍姿は注目を集めた。現地のテレビに映り、新聞では1面で紹介された。日本の豚肉生産を守るため必死になっているのは、内外に伝わった。

翌年3月の大筋合意では、差額関税制度が堅持され、輸入量は大幅ダウンの3・5万トン（5年後は7・5万トン）と決まった。

新しいブランド創設

メキシコとの自由貿易協定（FTA）問題に限らず、国や地方の施策で、政治家へ働きかける活動は何度も経験した。

そこで、「政治と行政のバランスが大切だ」と学んだ。議員が何でも引き受けられるわけではないし、逆に行政側の担当部局でも、できないことはある。それぞれの状況を見ながら、双方にバランスよく働きかけることが、要請を効果的に届ける鍵だ。

2003（平成15）年、当時、理事長を務めていた県養豚協会で新しい肉のブランド「かながわ夢ポーク」を創設した。

新ブランドの取り組みを始めたのは01年ごろ。牛海綿状脳症（BSE）問題の影響で豚肉の需要が伸びる一方、味や安心・安全への要求も強くなった。それを受けて、県内でも

かながわ夢ポークの試食会

相次いでブランドが生まれた。

　前に書いた通り、「高座豚」という名称は、商標権をある会社が持っているために、使用は可能だが、ブランド力が不十分だ。県内産の良質な豚肉をイメージするような、新たな名称をつくろう、という機運もあった。

　厚木の県食肉センター開業とも関係がある。最新の設備が整い、利用しやすいので、県外からも豚肉が入るようになった。

　扱う肉の量が増えるにつれて、優良な肉が買いたたかれるなど、安全性を含む品質と、価格のアンバランスという問題も起きてきた。

　同じころ、県が新しい系統豚を完成させた。その系統に、産地や育て方などの認定基準を加え、それらを満たした豚をブランド化しようと考えた。

基準はまず県内産、処理は県食肉センターで行う。薬剤等の使用はできるだけ控える。えさの一部に、サツマイモと足柄茶の粉末を混ぜた独自飼料を用いる。お茶は、豚の健康増進効果と脂肪のあっさり感を、サツマイモは肉の甘みと風味を高めるものだ。

肉のおいしさは品種（系統）、えさ、環境、水などによって決まる。一番大切なのは、生産に携わる人全員が「おいしい豚をつくろうよ」という思いを共有すること。その思いが豚に伝わると、健康に育ち、おいしい肉となるのだ。

次がえさだ。かながわ夢ポークでは、飼料のサツマイモとお茶の最適な配合を決めるため、県立栄養短大の女子学生に食味試験をお願いした。思春期の女性が最も味に敏感なのだ。

こうして、安全性と味に自信をもつ商品づくりの態勢が整った。消費者へきちんと届けるため、販路にもこだわった。

販売を希望する店は申請してもらい、認定された店に限ることにした。しかも認定の生産者、行政、消費者など10人で構成する第三者機関を設置した。

販売が始まると、ブランド肉全体の評価が高まり、優良な豚の価格下落を止めることができた。かながわ夢ポークの価格について、消費者から、おいしさや安全性にふさわしい、という評価を頂いている。

全国組織統一果たす

メキシコとの自由貿易協定（FTA）対策のため、養豚生産者3団体で設立した協議会でも、代表を務めた。

協定合意後も協議会は存続し、政府に対して、豚の基準価格（輸入豚肉の国内での販売価格の基になる）について毎年、要請を出した。

その関係で毎年度末近くに自民党畜酪部会へ呼ばれ、国会議員と豚の価格について話し合った。政治との接点がまた一つ増えたような気がした。

協議会の設立は、養豚生産者組織の一本化に向けた第一歩となった。

いくつかの養豚団体が集まり、生産者の組織のあり方について検討した。貿易問題対策にとどまらず、日本の養豚産業の振興を考えた場合、生産者自ら運営する、独立した新しい組織をつくるべきだ。そのために組織を統合した方がいい、と私は主張した。

2005（平成17）年の時点で、私は全国養豚経営者会議（全豚）会長、社団法人全国

ブライトピック本社の農場で働く中国人獣医の管さん（左）と。日中の養豚技術交流のため、８年前から社員として受け入れている

養豚協会の副会長を務めていた。全豚は大規模な事業者が多く、自主性が強い。

一方、全国養豚協会は国の補助金などで活動、都道府県の養豚協会の上部組織という面もある。

色合いの異なる組織を一本化するため、いくつかの手続きを踏んだ。

この年、まず全国養豚協会と、種豚登録や系統の認証を行う全国種豚登録協会が統合して日本養豚協会を発足。また、いろいろな団体の受け皿として日本養豚生産者協議会（JPPA）を立ち上げた。全豚は発展的解消、JPPAの組織づくりに協力した。

私はJPPAの会長として貿易問題などに取り組んだ。また日本養豚協会では08年、会長に就いた。10年に二つの団体を統合し新しい組織を立ち上げた。名称は社団法人日本養豚協会、略称は「協議会」のＪＰＰＡを引き継いだ。

新・日本養豚協会は自主自立を掲げ、定款を改めて会員は個人参加にした。旧協会では団体会員を認めたので、行政も加入。その結果、天下り先となり、運営に支障が出たのだ。農水省から、社団法人の認可を取るのは時間が掛かった。団体会員を排除したことが一因なのか、と推察をした。何度も説明に行ったりして苦労していると、政権交代が起きた。これが良い方向に働いて前に進んだ。

新組織でも会長に就いた。設立準備の段階から、参加を促すため各県の養豚協会などを巡る「全国行脚」をした。団体会員を認めないことが、賛同を得にくい原因の一つだった。統合は「日本の養豚の将来のため。社会貢献にもつながる」と説得して回った。

設立前後の困難な時に、支えてくれたのが会長代理の八日市屋《ようかいちや》敏雄だ。平塚のフリーデンという養豚事業の会社を率いていたが、その前身は曽我の屋農興。曽我達夫社長の時代にお世話になった会社に、再び力を借りるようで、縁を感じた。

2010（平成22）年７月、農水大臣に就任して間もない山田正彦さん（左）と

口蹄疫の終息に協力

10年くらい前、茨城県の肉牛生産者で、現・全国肉牛事業協同組合理事長の山氏徹と知り合った。

奥さんは横浜市瀬谷区の三ツ境出身で、本人はその近くのすし屋で働いたことがあるという。三ツ境と言えば、かつて残飯集めでお世話になったゆうかり園のすぐ近くだ。親しみを感じて付き合うと、誠実で人情に厚い。ますます引かれていった。

昔から、牛と豚の生産者団体は仲が良くない、と言われてきた。これからは日本の畜産のため、連携を強めていくべきだ、という考えで、山氏と私は意見が一致した。

この絆が思わぬところで役立った。２０１０（平成22）年、宮崎県南部で起きた口蹄疫《こうていえき》の拡大問題の時だ。

この病気は、ウイルスにより牛や豚などに起きる。ひづめの付け根に水疱《すいほう》ができ、それが破裂すると、痛みで食欲低下や歩行困難になる。仔牛や仔豚は致死率が高い。伝播《でんぱ》しやすいので、見つかると殺処分される。

4月末ごろ、宮崎県の養豚農家のまとめ役だった遠藤威宣から電話が入った。自由貿易協定（ＦＴＡ）問題でメキシコ・カンクンに行った時、同行して私を手伝い、一緒に侍姿になったりした間柄だ。

「まだ豚の感染は見られないが、牛はかなり広がっている。このままだと豚も危ない」――。豚1頭が感染すると、排出するウイルス量は牛の千倍から2千倍にもなるという。豚にうつったら、爆発的に広まるのは明らかだ。

すぐに農水省に出向き、当時、同省副大臣の山田正彦さんにも話した。畜産に詳しい政治家として、その前から親しくしていた。この時点で山田さんは「終息に向かっているから大丈夫」という認識だった。

5月の連休中、長崎県養豚協会役員の息子さんの結婚式に招かれ、長崎に行った。参列した養豚家同士、口蹄疫の話題で持ち切りだった。帰宅したころには、豚にも広がっていた。

間もなく、宮崎県の養豚農家から私のもとに、毎晩のように悲痛な電話がかかってくるようになった。「うちの豚にうつりました。処分して迷惑をかけないようにします。補償は大丈夫でしょうか。借金があり…」

5月16日、山田正彦さんに呼ばれ東京・永田町の議員会館で会った。山氏と2人の獣医師も一緒だった。「脱官僚」を掲げた民主党のところには、官僚の情報が届きにくかったようだ。

私は対策として、発生した地域から半径10キロメートル圏内のワクチン接種を提案した。うまくいけばウイルスの排出が止まり、伝播が収まる。接種した家畜は、ウイルスが潜在しているので、その後、殺処分する。実施には農家の承諾がいるが、一刻も早く手を打つべきだ、と強調した。

翌日、山氏と私は鳩山由紀夫首相（当時）と直接会い、補償などを要請。山田さんは現地に入り、対策の司令塔となった。

接種が始まると、伝播は収まった。ウイルスの型によっては、ワクチンが効かない可能性もあったが、幸いにも効いたのだ。遠藤を中心に宮崎の養豚農家が結束し、接種に協力的だったことも終息を早めた。

初期対応に課題残る

2010（平成22）年、口蹄疫流行の最中、インターネット上で激しい非難を浴びた。原因は5月29日、山氏とともに行った記者会見だ。

宮崎県は、エース級種牛5頭を、感染の可能性があるにもかかわらず、避難ということで移動した。これは疫学上、問題だ。大切な牛や豚を犠牲にした生産者の気持ちを踏みにじるものだ。5頭を殺処分するようにと宮崎県に要請、会見で公表した。東国原英夫知事（当時）のやり方を真っ向から否定したわけだ。知事に味方する人は多かった。

8月末「終息宣言」が出た。牛と豚を合わせ約28万8千頭が処分された。発生初期に防ぎきれず、犠牲を増やした。責任は国や宮崎県だけでなく、われわれ生産者も負うべきだ。山氏と私の2人が中心となり、福島県の家畜改良センターに慰霊碑を建てた。碑石には、被害の大きかった川南町から運んだ15トンの尾鈴《おすず》石を用いた。この教訓を後世に伝える意

口蹄疫の対策について、2010（平成22）年５月17日、当時の鳩山由紀夫首相と面談、対策を要請

味も込めた。

この事件を振り返ると、初期対応の問題がいくつか浮かび上がる。

この10年前にも、宮崎県で口蹄疫が発生した。その時は3戸で感染が確認された程度で終息した。ところが今回はどんどん広がっていく。最初に見つかったのが都農《つの》町、間もなく隣の川南町でも発見された。

日本養豚協会では、発生が確認された4月20日に緊急連絡本部を開設。23日、口蹄疫の怖さを伝え対策を促すため、山田農水副大臣（当時）と面会した。

私は、川南町よりさらに南に伝播するのは何としても食い止めなければ、と強く思った。

都農、川南を結ぶ国道10号線を南に行くと、鹿児島との県境の近くに、畜産が盛んな都城市がある。鹿児島県に入り、海を目指してさらに南下すると、志布志《しぶし》の港に出る。

志布志は「日本の3大畜産地帯」と言われる。ほかの2地帯は茨城県の鹿島と青森県の八戸。いずれも、その港が「えさ基地」、つまり飼料の流通拠点になっている。えさの集積地に近いところは、保存性や輸送コストなどの関係で、畜産業が発達しやすい。

海外から大豆カスなどを運ぶ船は、まず志布志港に入って積み荷の一部を下ろす。次に太平洋沿いを北上、鹿島港に行く。そこでまた荷物を一部下ろし、最後に八戸港へと回る。もしも、志布志までウイルスが伝わり、感染が広がったらどうなるか。荷揚げの作業員に、消毒の徹底を図るのは難しい。靴などに着いたウイルスが鹿島まで運ばれることになる。

鹿島は畜産農家の密集度が高く、交通量も多いから、感染の広がり方は川南の比でない。全国に一気に広がり、日本の畜産全体が大変な被害を受ける可能性も否定できなかった。

拡大防止策を、私も必死で考えた。初期対応の重要性も分かっていた。現実にはいろいろな問題が立ちはだかり、課題が残った。

義援金を渡しに行く

口蹄疫は初期対応の問題がいくつかあった。しかし、ワクチン接種が進むと幸いにも効果があった。発生が確認されてから4カ月ほど後の8月下旬、宮崎県知事が「終息宣言」を出した。

私は9月半ば、最も被害が大きかった宮崎県川南町を訪れたところ、「終わった」と感じた。

口蹄疫で被害に遭った養豚農家のため、日本養豚協会は全国から義援金を募ったところ、約7500万円が集まった。川南町に行ったのは、そのお金を被災した農家に直接渡すためだ。

協会の役員と一緒に「直接渡して、仲間を元気づけよう」という思いだった。皆、忙しい身だから、行ったらすぐ帰るもの、と思っていた。ところが川南町の人たちと別れた後、すぐに帰ろうとしない。宮崎空港の近くのホテルで一緒に1泊することになった。

万が一、ウイルスをもってきてしまった場合を想定しての対応だ。ウイルスの感染力がなくなるまでの約2日間、他の人との接触を絶つことにしたのだ。

既に終息宣言が出て、被害を受けた地区でも、人の出入りは自由になっていた。一般の人は問題ない。相手が被災農家かどうか区別するのは、かえっておかしいだろう。

しかし、家畜と濃密に接する人は、より高いレベルの警戒が求められる。役員は毎日、豚と接しているのだ。安全に対する配慮の重要性をあらためて認識した。

事件発生から2年たち、全頭処分した養豚農家の復興は徐々に進んでいる。頭数ベースで55％まで回復した。

２０１１（平成23）年の東日本大震災のときには、宮崎県の養豚事業者が、恩返しの意味を込めて、震災で大打撃を受けた地域に生活物資などを届けに行った。この支援活動も、宮崎の養豚生産者のまとめ役で、口蹄疫問題では私の指示を受けて、走り回ってくれた遠藤威宣らが中心となった。

口蹄疫や組織統合の問題で健康を害したが克服。結婚記念に植えた桜の花の満開を、2012(平成24)年も見ることができた。健康を支えてくれた女房と(吉田太一写す)

話は戻って、口蹄疫慰霊碑の除幕式は「終息宣言」から約３カ月後の２０１０（平成22）年

11月29日に行われた。

そのひと月ほど前、私は定期検査で食道に腫瘍が見つかり、切除手術を受けることになった。医師から「手術はできるだけ早く」と言われたが、除幕式はどうしても見届けたかった。それで延ばして、式の翌日、入院した。

手術は成功した。幸い、すぐ下の弟の喜久は、消化器が専門の医師だ。退院後、健康管理などの面倒を見てくれている。

健康を害した一因は、振り返ると、口蹄疫問題への対応ではないかと思う。肉体的にも忙しかったが、精神的にもストレスがたまるばかりだった。

当時、健康に影響を及ぼしたかもしれない事件が、もう一つあった。養豚の生産者団体の全国統一だ。既に記したが、団体会員を排除するための定款変更問題などで、大変苦労した。

組織率70%を目指す

何とか困難を乗り越えて、２０１０（平成22）年、養豚家組織の全国統一を果たし、新しい日本養豚協会を設立した。この最大の目的は「養豚家による養豚家のための養豚家の組織」をつくることだ。

その背景などについて、少し補足すると、02年ごろから問題となったメキシコとの自由貿易協定（ＦＴＡ）があった。この時は何とか良い形で決着したが、輸入自由化の圧力が消えたわけではない。ますます厳しくなる国際競争に立ち向かうため、生産者の結束を強くしなければ、という危機感が高まった。

2010（平成22）年３月、日本養豚協会の総会で

もう一つ、対策を迫られていたのが国の補助金の削減問題だ。補助金を基に活動していた全国養豚協会では新たな財源確保、運営の効率化とコスト削減が急務となった。

これらの解決を図るため、生産者の全国組織を新しくつくる。政治的発言力を強めるため、既存の組織を一本化して組織率を高める。天下りの受け皿とならないよう、団体会員は認めない。さらに、財務健全化を図るため、会員には会費の負担をお願いする。

この協会と結び付きの強い全国種豚登録協会のあり方も見直した。種豚の登記登録と血統証明を行う団体で、都道府県ごとに下部組織がある。登録手数料などとして会員（養豚家）が支払うお金が、会員の利益や養豚振興により効果的に使われるようにする。

登記登録のシステムも、豚の耳にタグを付けるやり方から、近いうち、DNA情報をコンピューターで一元管理する方法に換えていく予定だ。

このような組織改革について、各地の生産者の理解を得るため、北海道から沖縄まで「全国行脚」をした。きちんと説明すると、新しい組織づくりの趣旨は分かってもらえた。だが会費徴収などを求めるので、誰もがすんなり賛成、とはなかなかいかない。

しかし後戻りはできない。国際化による国内の養豚業の危機は迫っている。

一方、メキシコのFTAに対し、われわれが取り組んだ活動の成果が、徐々に表れてきた。行政から独立した生産者の組織がいかに大切か。そのことを実感し、団体統一に賛成する人が増えていった。

各方面に助けられて、新しい日本養豚協会を立ち上げた。1年後には一般社団法人に改組し、さらに強固な活動体制を確立した。

目下の課題は組織率を高めることだ。目標は養豚生産者の70％以上が加盟することだが、まだ60％台だ。70％を超えると、法案の提出ができる。そうなれば、養豚経営安定法（仮称）案の成立が期待できる。

牛乳と仔牛については、生産農家が市場価格の変動の影響を受けないよう補助金を出す制度がある。

豚肉にも同様の制度を求めるべき、というのがわれわれの考えだ。実現すれば、安全・安心な豚肉を安定供給する体制は、かなりしっかりする。食料自給率の向上にもつながるだろう。

牛並みの位置付けを

養豚生産者の経営安定のため、団体を統一して組織力を高める。その目的を全国の生産者に説明し、結束を呼びかけてきた。

一方、政府に対しても、養豚の経営安定化対策などについて要望。政治家にも理解を求めてきた。

具体的に言うと、国の畜産政策予算は、牛・豚・鶏を合わせて約千650億円。この額が5年ほど前から恒常的になっている。

問題はこの内訳だ。牛肉関係が約1千100億円、乳牛（生乳生産など）関係が約350億円。豚肉100億円、残りは鶏卵関係などだ。

豚肉の予算は牛肉の約9％、乳牛の約29％だ。これは妥当でない。豚の位置付けをもっと高くすべきだ、と十数年前から言い続けている。しかし全く変わっていないのだ。

「セーフティーネット」でも牛と豚で差がある。農家が苦しくなったとき、資金援助する制度だ。その財源は、国が予算を付け、その額に応じて生産者（実際は、日本養豚協会などの生産者団体）が積み立てる、という形になっている。

つまり国と生産者双方がお金を出し合うのだが、出す割合が牛と豚で異なるのだ。肉牛生産者の制度では国が3で生産者が1。ところが豚肉の場合は国が1で生産者が3だった。

これに対して「牛並みにしてほしい」と訴え続けてきた。ようやく2010（平成22）年度から、国と生産者が1対1になった。それでもまだ、牛肉との差は消えていない。

これほどの格差がある事実を、ほとんどの豚肉生産者が知らない、ということも問題だ。肉牛や乳牛の関係者も分かっていない。みんなでこの数字に目を向け、このままでよいか、

畜産政策の中で養豚の位置付けを高めてもらうため、政治家とも積極的に交流。
2008（平成20）年10月、農水大臣に就任して間もない石破茂氏（右）と

真剣に話し合うべきではないか。

その議論の場で、私が言いたいのは、例えば屠畜場のことだ。前にも書いた通り、食料備蓄の機能があり防災上、重要な施設だ。牛豚どちらの生産者も利用しているが、その根幹は養豚生産者が支えている、という構図がある。

屠畜場の経営は、生産者が支払う使用料でまかなわれる。家畜の重量当たりの負担率などの関係で、豚だけ見ると黒字だが、牛だけでは赤字になる。養豚生産量が落ち込めば、屠畜場の存続は難しくなる。当然、肉牛生産者にも影響が出るのだ。

ほかにも、養豚業が社会に貢献している場面は多い。

一つは、食品工場などから出る食物残渣を飼料に活用して、環境循環型社会づくりを進めていることだ。

また生産調整を推進する方策として有効な、飼料用米の受け皿でもある。米を買った養豚農家は、栽培農家に豚の糞の堆肥を提供する、という耕畜連携も図っている。

実際、飼料用米の考え方が広まるにつれ、養豚業に対する、米農家の評価も変化してきた。米づくり中心の地域で、養豚生産者を積極的に受け入れる動きも出ているほどだ。

中山間地域の活性化

食糧自給率の向上や飼料の国産化、飼料米の利用促進などに取り組むには、養豚のことだけ考えているわけにはいかない。

いわゆる「中山間地域」の農業をもっと活性化すべきではないか、という思いも強くなった。農業の専門用語で、中間農業地域（平地と山地の間、平野の外縁部）と山間農業地域を併せた地域のこと。日本国土の65%を占めている。

この地域の水田は、川の水源や地下水の涵養《かん》（水をゆっくりしみ込ませ、蓄えること）、洪水の防止、土壌の浸食・崩壊の防止などの働きをしている。つまり、中山間での米作り

ブライトピック千葉の農場では、飼料米を粉砕して液体飼料に混ぜて与えている

は治山治水に重要な役割を果たしているのだ。

養豚が行われるのも、多くはこのような地域だ。周辺の栽培農家が元気かどうかは、養豚経営に如実に響くのだ。

しかし、平地と比べると生産効率は劣る。大型機械などの導入が難しいので、経営効率化も進まない。その結果、国際化や低価格化などの波に押され、全国的に衰退傾向にある。

そこで私は提案したい。人が食べる米は中山間地域で生産する。大型のトラクターなどが使える平地では、家畜の飼料用の米を作る。効率を追求できる農地で、積極的に飼料米をつくることで、生産調整の問題を解消し、えさの自給も図る、ということだ。

この案には国民の理解と協力が不可欠だ。

米価の引き上げが伴うからだ。中山間は平地より効率が低く、単位量当たりの生産コストは高い。農業振興のためだから、無理に下げて、農家に我慢を強いては意味がない。消費者は、負担は増すが、その分、食の安心・安全、水源の保全、自給率向上などに生かされる。そう考えて、高いのは当然と受け入れてはどうだろうか。

現在、米1俵（約60キログラム）の政府の買い取り価格は全国平均1万3千円前後だ。これが3万円ぐらいになれば、中山間の米作りが維持され、地域の活力は高まるだろう。

消費者の側から考えると、一人当たりの米の消費量は、大まかに言って、年間60キログラム前後。つまり、この案で行くと、1人が1年間、約1万7千円の負担増になる計算になる。これは2日に1回、百円のジュースを飲むのと同程度だ。

2012（平成24）年夏、アメリカで未曾有の干ばつが起き、トウモロコシや大豆が大きな被害を受けた。価格の高騰は必至だ。えさの多くをトウモロコシ等の輸入に頼る日本の養豚業にも大打撃だ。

今後、異常気象による凶作が頻発すれば、飼料用の穀物が日本に入ってこなくなる恐れもある。自国で使う分が不足してもなお、回してくれるとは考えにくい。さらに食肉自体の生産が落ち込み、輸入肉が減る可能性も考えられる。

そういう観点からも、国民は食糧自給の問題と、もっと真剣に向き合うべきだ。同時に、中山間地域の農業にも関心を向けていただければ、と願っている。

言葉をもらい元気に

プライトピック・グループには経営理念、社是がある。

経営理念はまず「清く正しく美しく」を掲げ、続いて次の3つをうたう。

「わが社は消費者の皆様に安全でおいしい豚肉の安定供給を志し、安心できる食文化の向上に貢献する」

「わが社はグローバルな情報を収集し国際競争に打ち勝ち、地球の環境に配慮した循環型養豚を構築する」

「わが社は全社員と家族がともに協調と向上の精神を常に養い、人間性豊かな会社を運営し、地域社会に貢献し国に報いる」

社是は「和を尊ぶべし」「誠を尽くすべし」「技術を磨くべし」「責任を重んずべし」「健康を管理すべし」という5カ条だ。社員も私も常に心がけなければならない。ただし私の場合、最後の「健康管理」は守り切れず、反省している。

「ブライトピック社員十訓」の第一は「暗い顔で会社に来るな」。私も常に心がけている

企業人としてもう一つ、大きな反省点がある。2度の火災を起こしたことだ。

最初は1995（平成7）年8月4日、千葉県香取市の第二農場だ。豚舎の修理工事をしていた業者が、溶接の火を断熱材に飛ばしてしまい、アッという間に燃え広がった。分娩用の豚舎で、窓がない。母豚約400頭と哺《ほ》乳中の仔豚が一酸化炭素中毒で犠牲になった。

私はその日、政府の養豚問題懇談会か何かで東京にいた。電話で知らせが入り、タクシーを飛ばした。2時間半ぐらいで現地に着いたが、既に焼け落ちていた。

それから3日間、徹夜で社員と一緒に豚の片づけをした。真夏の暑い時だったので、すぐにガスで体が膨らんでくる。作業を急がなければならなかった。

終わると、次は豚舎の再建だ。そのための材木を買いに行った社員が「現金でなければ売らない、と言われた」と帰ってきた。驚いて電話をすると、材木屋の社長は「現金で売ることが一番正しいと思います」と言う。何を言いたいのか、分からなかった。

火災直後、見舞いに来た農協の組合長の言葉もおかしかった。「私どもは、えさをちゃんと供給しますから」。私は「そんなの当たり前じゃないか。変なことを言うな」と思った。ところが材木屋に断られた翌日、友人が電話を掛けてきた。「お前のところ、豚舎が焼けたから、倒産するんじゃないか、とうわさが流れているぞ」。

千葉に初めて農場を開設して13年、第二農場は開設後9年で、まだ地元に信用がなかった。

肉体的にも精神的にもひどく苦しかった。そんな時、養豚仲間がある篤農家の「家訓」をファクスで送ってくれた。

「どんなに苦しい時でもその中から喜びを見つける人間になろう」「失敗は誰にでもある。そこから何かを学んで明日《あす》に生かそう」などとあった。

この言葉をもらって元気が出た。壁に貼って社員にも読ませ、励まし合った。

地域への責任を痛感

2度目の火災は2005（平成17）年1月、今度は同じ千葉県香取市の第一農場だった。原因は、仔豚を温めるため、豚舎につってあるガス・ブルーダーという暖房器具が落下したことだ。

その1週間前、たまたま農場を訪れた際、つってある針金が錆びているのに気付いた。「危険だから、何とかするように」と場長らに注意していた。すぐに針金を取り替えていれば、火災は起きなかったはずだ。

自分たちのミスで、ご近所に迷惑を掛けてしまった。地域社会への責任を痛感している。そういう意味でも、第二農場の火災より精神的な打撃は大きい。

豚は4500頭が犠牲になった。豚にも申し訳ないことをした。その思いを込めて慰霊碑を建てた。

被害額は建物と豚合わせて1億円を超えた。豚舎には火災保険、豚には家畜共済をかけてあったが、補償は被害額の3分の1程度だった。

豚が死ぬ、ということは、借金して仔豚を飼い、育て、出荷する、というサイクルがす

昨年、プライトピック千葉が銚子市新町に開設した
黒潮農場。同市には他に銚子農場と森戸農場を置く

べて止まる、ということだ。たとえ被害額すべて補償されたとしても、立ち直るまでには時間が掛かる。

企業の経営者として、このリスク管理をどうすべきか、という問題を突きつけられた。防災の取り組みは行っていた。保険をかけ、セキュリティー・システムも導入していた。ところがこのシステムは、火災を感知し通報する前に焼けてしまい、機能しなかった。システム管理会社にも問題はあったはずだ。だからと言って、こちらの責任は免れない。

第二農場の火災の時と違い、もう倒産のうわさを流されることはなかった。地域とのつながりも深め、信用も得ていたからだ。頂いた見舞金の額も、第二農場の時より多かった。

前回の火災から10年の間、地域との結び付きはかなり強くなった。この間に東庄町、銚子市新町にも新たに農場を設けていた。

町内でも地元の祭礼に寄付をし、当日は招待客としてお祭りに参加し、町内会長をはじめ、地元の有力者らと交流する。こうしたことの積み重ねによって、地域で認められ、何かあれば助け合う、という関係が築かれたのだと思う。

千葉県との関係ではまた、既に書いたように、飼料米を通じ、県内の米の生産農家ともつながっている。

休耕田で飼料用として米を栽培し、それを養豚農家が購入する。この取り組みを始めた当初は、通常より高い価格で買い取り、生産を促した。その後は行政に働きかけて、飼料用米を出荷した農家に助成金が出るなど、支援制度を整備してもらった。

旭市溝原には食品リサイクルを促進する飼料工場がある。ここを核に、ブライトピックの経営理念にうたう「循環型養豚の構築」に向けた努力もしている。

このようなことを含め、千葉県とのつながりを一層強め、地域貢献もいろいろな形で進めていくつもりだ。

自給率向上のために

アメリカ人のサムエル・ウルマンという人の「青春」という詩がある。太平洋戦争時、米軍司令官マッカーサーが座右の銘にしていた、という。戦後、日本でも翻訳されて広まった。

戦後40年以上たって、日本の経営者の間でこの詩のブームが起きたことから、私も知るようになった。

「青春とは人生の或《あ》る期間を言うのではなく心の様相を言うのだ」で始まり、「理想を失う時に初めて老いがくる」「情熱を失う時に精神はしぼむ」などの表現が続く。

私もこの詩をそばに置き、「青春」の心を保ち続けたいと願っている。

「二度とない人生だから」という言葉も好きだ。悔いのないように生きよう。二度の大病を経験し、落ち込んだこともあったが、今はこの言葉が支えになっている。

生きざま、つまり生きた後に残るものを、しっかりとさせよう。こんなふうに考えることが、前向きな心を維持してくれる。

仕事も支えになっている。日本養豚協会会長として、農家の所得を安定させる制度（セーフティーネット）やＴＰＰ（環太平洋経済連携協定）をはじめとする貿易交渉のことなどで忙しい。生産者団体として発言力を強めるため、組織率を高める運動も進めている。

さまざまな人にも支えられている。現在もそうだが、ここまで「わが人生」を振り返って書いてみると、いろいろな場面で多くの人に支えられてきた、人に恵まれた、とつくづく思う。

何か一つやるとき、脇でいろいろな人に支えられている。多くのことができたのは、それだけ多くの人の力を借りたことになる。貸してくださった方々に、ここであらためてお礼を申し上げたい。

２０１１（平成23）年、黄綬褒章を受章したのも、養豚人生の中で関わった全ての方のおかげ、と考えている。

家族にもお礼を言いたい。今思うと、親父のあの頑《かたく》なさが、私の原動力になった。連れ添って43年になる女房は、私と親たちの面倒を見ながら、４人の娘を育て上げた。

男の子が欲しかったが、かなわなかった。それで長女を跡取りにしようともくろんだ。だが選んだ男性は長男ということもあり、志澤家に入るのは無理だった。

代わりに次女が、わが社の社員の輝彦と恋愛の末に結婚。息子になった輝彦は現在、ブ

お盆のころと正月には子どもと孫が集まる

ライトピック社長を務める。二人の間に初めて男の子が生まれたときは、正直言って、うれしくて涙が出た。

３女は高座豚手造りハムの副社長として、私をサポートしている。４女は結婚して子育て中。高座豚手造りハムの商品を知り合いに紹介するなど、主婦の立場を生かしながら、私の事業に協力している。

後を託す子や孫に恵まれてはいるが、まだ引っ込むつもりはない。「日本の食料自給率の向上」のために、これからも力を尽くしていく覚悟である。

あとがき

神奈川新聞社から「わが人生」のお話をいただいたときは、まず、驚きました。有力企業の経営者や、神奈川出身の著名人が登場するコーナーです。まさか私に話が来るとは、予想もしませんでした。

それから少し、心配になりました。養豚業はにおいなどの問題で周辺にご迷惑を掛けており、私に連載を引き受ける資格があるのだろうか。

迷いながらも、引き受けた理由は、この機会は、畜産をはじめ農業全体について、一般の方々の理解を深める一助になるのではないか、そんな思いもありました。

決まると、執筆の準備です。資料を整理し、足りないもの、見つからないものは各方面にお願いして、提供していただきました。勝手なお願いにもかかわらず、みなさん、とても協力的で助かりました。

書いていると「よくこれだけいろいろなことをしてきたな」とあらためて思いました。

その一つ一つに、支えてくれた人、互いに協力し合ったり、切磋琢磨した人がいて、大勢の力をお借りしてきました。そういうことを再確認する作業ともなりました。

連載中は、たくさんの反響をいただきました。「面白く読んでいるよ」などと励まされることもあれば「私たちのこと、さり気なく批判していますね」と皮肉られることも。女房は「地元でちょっとした有名人になりました」などと照れくさそうに話していました。新聞社には読者から「教わることの多い内容でした」という感想が寄せられたと聞き、うれしく思いました。

連載が終わると、あとで知った人などから「全回分を読みたい」という声が寄せられました。私も1冊の本にまとめ、諸先輩や仲間、後輩、従業員らに読んでもらいたい、という気になりました。また感想や批評をいただいて、これからの生き方に役立てられたら、とも考えたのです。

本書を通じて日本の農業のこと、畜産のこと、養豚のこと、また食糧問題などについて、少しでも知識を深めていただければ幸いです。

出版に当たっては、元神奈川新聞社記者の浅田勁さんが力を貸してくださいました。浅田さんは小・中学校の同級生で、新聞社時代、高座豚手造りハムの取材に来てくれるなど、私の事業を側面から支えてくれていました。

また、原稿の執筆ではライターの山田千代さんにサポートしてもらいました。加えて、神奈川新聞社の出版担当の小曽利男さん、天井美智子さんをはじめ、新聞社の多くの方にお世話になりました。厚くお礼申し上げます。

平成24年11月吉日

志澤　勝

本書は、神奈川新聞「わが人生」欄に２０１２（平成24）年5月1日から6月30日まで59回にわたって連載されたものに加筆、修正したものです。

わが人生 1

綾瀬市吉岡のブライトピック事務所で
（吉田太一写す）

養豚業で環境保全も

日本養豚協会会長・ブライトピック会長・高座豚手造りハム社長
志澤 勝

私が社長を務めるブライトピック千葉が、ことし2月、農村の環境保全を通じ地域に貢献する農業者・団体を対象とする「環境保全型農業推進コンクール」で優秀賞を頂いた。

食品残渣《ざんさ》、つまり食品工場で出る食物の残りや、賞味期限が近づいた弁当などを材料に液状の飼料を作って、わが社で飼育する豚に与えたり、地元農家との連携による飼料米利用などが評価された。

食品残渣をえさにできないか、と考えたのは15年ほど前。農場近くの牛乳工場で余った牛乳や、パン粉の工場から出るパンの耳が大量に捨てられている、と知ったのがきっかけだ。

日本の畜産は、大量の穀物をアメリカを中心に海外から輸入し、それを飼料にして牛・豚・鶏の肉を生産する、という形でやってきた。

だから、日本の食肉の値段は飼料価格の変動に左右される。つまりシカゴの穀物、原油、貨物船の輸送料、為替という四つの相場の影響を絶えず受けるのだ。

「食は命」。私の名刺に刷り込んでいる言葉だ。命を支える食べ物の値段がこんなに不安定でよいのか。名刺には「食糧自給率60％達成できる国に！」とも。食糧自給率向上のためにも、飼料の自給は大切なのだ。

こういう思いと、人の口に入らないで捨てられる大量の食物が結び付いた。媒介したのはドイツ製の機械だ。食品残渣をえさとして与えるには殺菌が必要になる。通常は加熱するが、この機械はコンピューターで酸性、アルカリ性の度合いを示すpH値を調整し、適度に発酵させながら殺菌するので、二酸化炭素を排出しない。

この機械を2000（平成12）年に導入、07年には飼料工場を開設、この飼料で育った豚の肉を、残渣を出した食品工場や小売店が買い取る、という提携をして、食品リサイクルのループも作った。こうした取り組みで、ブライトピックと同千葉は08年度「食品リサイクル推進環境大臣賞」優秀賞を頂いた。

10年には、千葉県内で作られた飼料米の利用も始めている。生産調整のため休耕田とすると、せっかくの水田が荒れてしまう。遊ばせないで米を作り飼料にすれば、養豚家にとってはえさの自給が図れる。豚の糞《ふん》の堆肥を提供する、という養豚と稲作の循環も実現させた。

（この連載に当たり一つお断りする。豚を数えるとき、新聞紙面を含め一般に「匹」が使われるが、養豚業界で統一している「頭」を用いることをご了承いただきたい）

◇

しざわ・まさる　1944（昭和19）年、綾瀬村（現・綾瀬市）生まれ。県立愛甲（現・県立中央）農業高校卒業後、農業経営講習所で学びながら父の下で農業に従事、65年、独立し同市吉岡で養豚業を始める。71年、農業経営の法人㈲ブライトピック設立。現在、神奈川・千葉県で同社およびブライトピック千葉で年間約10万頭の豚を出荷。また旧高座郡（現・綾瀬・海老名市など）でかつて飼育された味の良い品種の継承・改良に取り組み、84年、その肉の加工・販売の農事組合法人（現・株式会社）高座豚手造りハム設立。国や地域の生産者代表としても活動、養豚・畜産関係の公職にも就く。

「わが人生」連載スタート。第1回記事
2012（平成24）年5月1日

著者略歴

志澤　勝（しざわ・まさる）

1944（昭和19）年、綾瀬村（現・綾瀬市）生まれ。県立愛甲（現・県立中央）農業高校卒業後、農業経営講習所で学びながら父の下で農業に従事、65年独立し同市吉岡で養豚業を始める。71年、農業経営の法人㈲ブライトピック設立。現在、神奈川・千葉県で同社およびブライトピック千葉で年間約10万頭の豚を出荷。また旧高座郡（現・綾瀬・海老名市など）でかつて飼育された味の良い品種の継承・改良に取り組み、84年、その肉の加工・販売の農業組合法人（現・株式会社）高座豚手造りハム設立。国や地域の生産者代表としても活動。養豚・畜産関係の公職にも就く。

食は命！　養豚にロマンを

2012年11月16日　　初版発行

著　者　　志澤　勝

発　行　　神奈川新聞社

〒231-8445　横浜市中区太田町2-23

電話　045(227)0850（企画編集部）

Printed in Japan　　ISBN 978-4-87645-499-0　C0095